国家自然科学基金青年科学基金项目资助（项目批准号：51808299）
内蒙古自治区绿色建筑重点实验室资助

内蒙古传统建筑装饰

李丽 著

中国建筑工业出版社

图书在版编目（CIP）数据

内蒙古传统建筑装饰／李丽著. —北京：中国建筑工业出
版社，2020.7
ISBN 978-7-112-25185-8

Ⅰ. ①内… Ⅱ. ①李… Ⅲ. ①蒙古族-民族建筑-建筑装
饰-研究 Ⅳ. ①TU-092.812

中国版本图书馆CIP数据核字（2020）第087332号

　　本书从内蒙古传统建筑文化传承与发展的视角出发，对内蒙古地区不同区域传统
建筑装饰形式进行整理分析。全书共分三部分，第一部分：内蒙古地区传统建筑装饰
形式产生的背景分析，分别从地理环境、文化环境、内蒙古地区历史沿革、传统建筑
装饰特征及影响因素等方面进行介绍；第二部分：对内蒙古东、中、西部地区宗教类
建筑、衙署类建筑及民居类建筑装饰形式进行图示、解读；第三部分：分别从"艺术
特征""形式关联""装饰本源"的角度对内蒙古地区传统建筑装饰进行阐释。

　　本书内容丰富，具有较高的学术价值，可供相关专业研究人员、高校师生参考
使用。

责任编辑：王砾瑶　边　琨
版式设计：锋尚设计
责任校对：王　瑞

内蒙古传统建筑装饰
李　丽　著
*
中国建筑工业出版社出版、发行（北京海淀三里河路9号）
各地新华书店、建筑书店经销
北京锋尚制版有限公司制版
临西县阅读时光印刷有限公司印刷
*
开本：880×1230毫米　1/16　印张：16¼　字数：362千字
2020年7月第一版　2020年7月第一次印刷
定价：188.00元
ISBN 978-7-112-25185-8
（35939）

　　李丽老师寄来她的新作《内蒙古传统建筑装饰》书稿，厚厚的一大本，内容丰富，图文并茂，令我十分欣喜。2016年，因参加学术会议到内蒙古自治区包头市，认识了这位学界新秀，如今又见到她的著作，自然感到分外喜悦。

　　这是一本以内蒙古传统建筑装饰为题材的专著，书中首先论述内蒙古传统建筑装饰的文化基础，分析其装饰的民族宗教、文化渊源，进而研究内蒙古传统建筑装饰的题材及特征，并分别从内蒙古东部、中部、西部的传统建筑装饰的详例印证自己的见解。最后，对地域文化与建筑装饰的关联性提出自己的思考和观点。作者为学界新秀，读了许多书，对内蒙古地区传统建筑装饰的文化渊源作了具有一定深度的研究和探索，取得的成果是可喜可贺的。

　　传统建筑装饰的文化渊源，最久远的可以溯至远古人类的生殖崇拜文化；稍近些，则与图腾崇拜文化、祖先崇拜文化有关，并与宗教文化、民族文化、民俗文化交织融合，从而产生了千姿百态、富有特色的中国传统建筑装饰。

　　恩格斯指出："根据唯物主义的观点，历史中的决定性因素，归根结底是直接生活的生产和再生产。但是，生产本身又有两种。一方面是生活资料即食物、衣服、住房以及为此所必需的工具的生产；另一方面是人类自身的生产，即种的繁衍。"[1]

　　原始人口的高出生率、高死亡率以及极低的增长率，使人口问题成了关系到人类社会能否延续的根本大事，这导致原始人类产生了炽盛的生殖崇拜。

　　鱼纹、蛙纹成为母系氏族社会女阴崇拜的象征，鸟纹、龙蛇等成为父系氏族社会男根崇拜的象征。[2] 而鱼、鸟、龙等均为中国传统建筑装饰的重要题材，其渊源之深远是值得思考的。

　　由生殖崇拜发展出图腾崇拜，上古华夏族群的图腾崇拜主要有东夷族的龙崇拜、西羌族的虎崇拜、少昊族和南蛮族的鸟图腾崇拜、北方夏民族的蛇图腾崇拜，从而产生东方苍龙、西方白虎、南方朱雀、北方玄武这四象的概念。所以中国文化又称为"龙虎文化"。[3] 朱雀也即凤凰，龙和凤在中国传统建筑装饰中占有重要的地位，我们不妨称之为"龙凤装饰文化"。

[1] 恩格斯. 家庭. 私有制和国家的起源 [M]. 北京：人民出版社，1972.
[2] 赵国华. 生殖崇拜文化论 [M]. 北京：中国社会科学出版社，1990.
[3] 陈久金. 华夏族群的图腾崇拜与四象概念的形成 [J]. 自然科学史研究，1992，11（1）：16.

关于图腾文化和宗教文化等内容，李丽老师已有详细论述。我也从中吸收了不少营养，学到不少东西。

希望李丽老师和其他学界新秀有更多的新著问世！

是为序。

华南理工大学建筑学院教授、博导

吴庆洲

2020 年 6 月 30 日于广州

　　建立不同地域的建筑学体系是对建筑学整体学科的丰富和拓展，其框架内容可分为人文和技术两个维度，人文维度的重要工作之一是对地域传统建筑的系统调研和解析。内蒙古工业大学建筑学科的教师团队多年来致力于建立内蒙古地域建筑学体系，做了大量的工作，已经形成了基础的框架，李丽老师也是抱此理想的一位年轻教师，她完成的这本著作《内蒙古传统建筑装饰》无疑补充和延伸了这一层面的成果，也必将同已完成的《内蒙古古建筑》《内蒙古藏传佛教建筑》《内蒙古传统聚落》《内蒙古传统民居》《内蒙古历史建筑》等专著一样，对内蒙古地域建筑学体系的建立做出重要贡献。

　　李丽是我院年轻教师中最为上进的教师之一，不显不张，潜心工作，却一步一个脚印。为了更好地完成成果，她迎接挑战，申请获得了国家青年基金项目"地域建筑中蒙古族建筑装饰图案形态及谱系研究"，同时，本书也自然成为课题研究的系列成果之一。这正是多年来我所提倡的一种科研方式，在李丽老师身上又一次得到了完美的体现。

　　著书有多种目的，而编著一本有意义的书是一件可贵的事。从书稿的内容看，李丽老师的工作做得很扎实。在我看来，此书除了建构地域建筑学的本体意义，其出版至少还有三点意义：

　　一、全书的内容不是简单的普查结果，而是基于文献和现状调研两个方面的系统梳理，为后人在这方面的系统深入研究提供了方便。

　　二、近年，少数民族地区在发展旅游的背景下，由于缺乏对传统建筑的认知，建设性破坏十分严重，这本书部分地起到抢救传统建筑历史信息的作用，为日后的保护工作奠定了基础。

　　三、长久以来，地域性建筑创作的优秀作品不多，其中一个主要原因是创作者缺少文化根基和历史视野，使得大多数作品仍处于符号的形式表现。从这一点上看，这本书的努力也具有现实意义。

　　基于上述认识，建议李丽老师能够在现有研究的基础上，建立内蒙古地域建筑装饰的系统档案，以数据库的方式加以呈现，相信会强化上述研究、保护和实践意义。

内蒙古工业大学建筑学院教授

张鹏举

2020 年 6 月 1 日于呼和浩特

《内蒙古传统建筑装饰》是对内蒙古地区特定时间范畴内，现存传统建筑装饰现象的全面考察。内蒙古地区传统建筑是我国传统建筑中特殊且重要的组成部分，是内蒙古地区城市历史发展的缩影，建筑装饰部分则是对地域、民族、历史等诸多文化的物质性体现。内蒙古地区传统建筑装饰在形成与发展过程中，既与内蒙古地区传统建筑相伴相生，形成了基于不同建筑类型的装饰形式，同时又依附于装饰艺术发展历程，呈现出扎根于蒙古族文化的装饰艺术特色。因此，从建筑文化及装饰艺术历史发展的双重视角对内蒙古地区传统建筑装饰进行探讨，是十分必要的。

本书内容构成分为：建筑装饰文化基础、装饰艺术历史发展、建筑装饰类型特征、分区域建筑装饰形式以及地域建筑装饰相关思考。

在建筑装饰文化基础方面，对内蒙古地区传统建筑装饰形式产生的地理环境及文化环境进行阐述。内蒙古自治区位于我国北部边疆，在自然地理环境及气候条件方面对当地建筑形式的生成具有重要影响，此外，基于语系分布、民族文化以及宗教文化而形成的整体地域文化特征是本地域建筑及其装饰持续发展过程中的主要影响因素。

在装饰艺术历史发展方面，对内蒙古地区传统装饰艺术起源及发展历程按照"萌生""形成""交融""繁荣""典型发展"的脉络特征进行阐释。大漠南北广阔的草原，是我国北方民族活动、栖息之所，13 世纪初，成吉思汗率领的蒙古部统一了栖息在大漠南北草原上的诸多部落，形成新的民族共同体——蒙古族。在历史发展进程中，蒙古族创造了本民族灿烂的艺术文化，同时也是北方游牧民族艺术的集大成者。

在建筑装饰类型特征方面，分别按照民居类建筑、宗教类建筑、衙署类建筑的装饰特征进行阐述。内蒙古地区的传统民居类建筑包括适合游牧生活的可移动式民居，适合于农耕生活的窑洞、砖包土坯房式民居，也有受到人口迁徙及近地域文化影响下形成的晋风民居、俄罗斯族木刻楞及宁夏式民居形式，因此，民居类建筑装饰呈现出多源发展的典型特征。内蒙古地区的宗教类建筑无论从数量还是影响方面，藏传佛教建筑占有重要地位，具有突出的地域性特征，同时也是内蒙古地区建筑装饰发展水平的直接体现。此外，本地区的衙署类建筑是在中原"礼"教文化影响下的植入型建筑，在建筑装饰方面大部分衙署类建筑装饰符合"礼制"形制规定，部分建于晚清时期的建筑，受民族地域文化影响，建筑风格呈现多样化，出现了西式建筑装饰元素。

在分区域建筑装饰形式分析方面，对内蒙古东、中、西部地区宗教类建筑、衙署类建筑及民居类建筑装饰形式进行图示、解读，尽量全面、真实地展现出内蒙古地区现存不同类型传统建筑装饰现状，并对其现象予以解读。

最后，笔者分别从"艺术特征""形式关联""装饰本源"的角度，将自己对于内蒙古地域建筑装饰的相关认知进行阐释，提出了本人多年来研究的观点。

关于本书的编写，凝聚了课题研究组成员多年的劳动。于我本人，实现了多年的一个心愿。自参加工作以来，一直从事内蒙古地域建筑装饰的相关研究工作，一步步积累至今，承担了多项相关研究课题，也发现诸多本地域建筑装饰研究中的新问题、新视角、新思路。2018 年，获批了国家自然科学基金项目，这是对研究团队前期工作的肯定，同时也为后续研究提出了新的挑战，但我更看重的是内蒙古地区传统建筑装饰研究的重大意义，因而，这项工作实质上是我们全面展开内蒙古地区传统建筑装饰研究的契机。

内蒙古地域广阔，传统建筑较为分散，加之缺乏完整、系统的参考资料等现状，深感仅靠个人有限的精力在限定时间内完成书稿是不可能的，因此，从书稿编写大纲的商榷、制定编写计划、确定编写内容再到具体实施，成立了以内蒙古工业大学建筑历史与理论学科团队、环境艺术研究所为主的相关人员组成的研究团队，同时走访了内蒙古自治区及各盟市相关研究机构专家学者，对书稿内容进行多次集中讨论。

本书的出版，将同已完成的《内蒙古古建筑》《内蒙古藏传佛教建筑》《内蒙古传统聚落》《内蒙古传统民居》《内蒙古历史建筑》等专著，共同为地域建筑学体系的建立做出重要贡献，同时也是内蒙古地域建筑学体系的补充和延伸。

内蒙古工业大学

李丽

第 1 章

内蒙古传统建筑装饰
文化基础

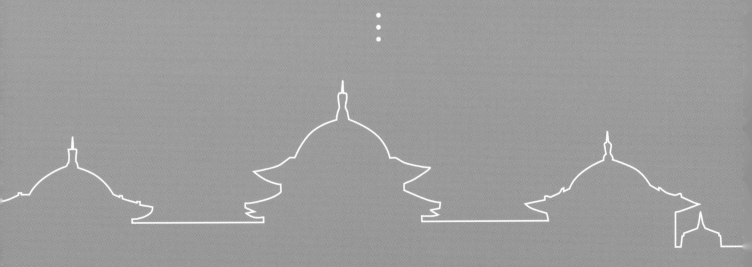

1.1 地域分区及环境基础

1.1.1 区域位置与地理环境

内蒙古地区，在历史地理研究中泛称内蒙古高原。今天的内蒙古已经建成辖 9 个市（呼和浩特市、包头市、乌海市、赤峰市、通辽市、鄂尔多斯市、呼伦贝尔市、乌兰察布市、巴彦淖尔市），3 个盟（兴安盟、阿拉善盟、锡林郭勒盟），52 个旗（其中包括鄂伦春族、鄂温克族、莫力达瓦达斡尔族 3 个少数民族自治旗），17 个县，11 个市（盟）辖县级市，23 个区的少数民族自治区。据统计，全区常住人口约 2539.6 万❶，其中包括除珞巴族以外的蒙古族、汉族、满族、回族、达斡尔族、鄂温克族、鄂伦春族等 55 个民族，蒙古族为人口最多的少数民族[1]。

内蒙古自治区位于我国北部边疆，由东北向西南斜伸，呈狭长形，东西直线距离 2400 千米，南北跨度 1700 千米，横跨我国东北、华北、西北三大地理区域，东、南、西依次与黑龙江省、吉林省、辽宁省、河北省、山西省、陕西省、宁夏回族自治区和甘肃省 8 省区毗邻，北部同蒙古国和俄罗斯联邦接壤，国境线长达 4200 千米。土地总面积 118.3 万平方千米，占全国总面积的 12.3%。全区地貌以我国第二大高原内蒙古高原为主，大部分地区海拔 1000 米以上。内蒙古西部地区以沙漠地貌为主，包括有巴丹吉林、腾格里、乌兰布和、贺兰山等沙漠，同时兼有山地分布；黄河流经内蒙古中部地区，沿岸冲积形成了"塞上江南"的河套平原，这里地势平坦、土质肥沃、光照充足，是内蒙古的粮食和经济作物的主要产区。库布其沙漠、毛乌素沙漠和阴山等不同类型的地貌景观，也在中部地区交织分布；东部地区有大兴安岭、呼伦贝尔平原、锡林郭勒高原等地形分布；在山地向高原、平原的交接地带，分布着黄土丘陵和石质丘陵，其间有低山、谷地和盆地分布，以上共同构成内蒙古地区丰富的自然地理环境[2]。

内蒙古自治区地域广袤，所处纬度较高，高原面积大，距离海洋较远，边沿有山脉阻隔，整体气候环境以温带大陆性季风气候为主，呈现出寒冷干旱、多沙尘，昼夜温差大，春季温暖多风，夏季温热多雨，秋季降温霜冻，冬季漫长寒冷的气候特征。内蒙古中西部地区是中国沙尘暴的频发区之一，东部林区和平原受季风影响，夏季降水较丰沛，形成了广袤肥美的呼伦贝尔、锡林郭勒等草原[2]。

内蒙古地区自然地理环境及高寒的气候条件对常年生活在这里的人们的生活方式及赖以生存的建筑形式的形成产生了重要影响。例如在居住方式上，大体分为两类：非定居式

❶ 内蒙古地区常住人口是依据 2010 年第六次人口普查的常住人口。

居住方式和定居式居住方式，前者多为居住在草原牧区的牧民，后者多为居住在农耕及城市的广大人民。以棚帐式毡房为代表的居住形式是草原人民适应环境的自然选择 [3]。定居式居住方式则分布在内蒙古农耕地区，其形式大多是北方汉式民居形式，包括传统木构架民居与土窑式民居，木构架民居又有土房与砖房两类。

1.1.2 文化环境

1. 语系分布

内蒙古地区人口构成结构丰富。自古以来，内蒙古高原就有大量游牧民族生息于此，在经历长久的民族分合与地域环境的变迁后，内蒙古地区形成了具有历史文化特色的语言分布特征，同时也是内蒙古地区区域划分的重要依据。内蒙古地区的主要民族语言为蒙古语，包括：（1）内蒙古中部地区蒙古族所使用的察哈尔、巴林、鄂尔多斯、科尔沁、喀喇沁土默特等土语；（2）巴尔虎—布里亚特方言，包括呼伦贝尔陈巴尔虎、新巴尔虎、布里亚特等土语；（3）卫拉特方言，包括阿拉善等地蒙古族所使用的土尔扈特、额鲁特、察哈尔土语。内蒙古地区的汉族和其他民族主要使用汉语，各地不一致，东部地区（呼伦贝尔市、通辽市、赤峰市、兴安盟和锡林郭勒盟东部）使用东北官话居多；中西部地区（巴彦淖尔至锡林郭勒盟西部）使用晋语较多；阿拉善盟等受甘肃、宁夏影响较大，以兰银官话为主，语系分布特征体现出内蒙古地区文化区域特征。

2. 宗教文化

内蒙古地区是一个多民族、多宗教文化共存的少数民族地区。萨满教在内蒙古地区阿尔泰语系 ❶ 诸民族中长期盛行，萨满教产生于母系氏族社会，在奴隶社会时期成熟和完善，随着氏族社会的解体，萨满教由自发性的原始宗教转变成"人为的宗教"，继而经过漫长的积累和发展，直至 13 世纪形成了一整套自成体系的宗教世界观 [4]。自元朝起，藏传佛教受到蒙古上层阶级的大力扶持与提倡，但未在广大民众中得到广泛传播，随着元朝的没落曾一度销声匿迹。直至明末清初，内蒙古地区再度开始对藏传佛教的信仰与传播，并且涉及范围广泛，这一时期，在内蒙古地区广建藏传佛教召庙建筑，形成了分布广泛、数量众多的建造局面。目前，内蒙古地区现存藏传佛教召庙多为明清时期所建，由于建筑出发点不同，内蒙古地区藏传佛教召庙在建造时间、地域情况及建筑形式方面呈现出明显差别。巴彦淖尔市、包头市、呼和浩特市、鄂尔多斯市、乌兰察布市地区藏传佛教建筑建

---

❶ 阿尔泰语系（Altaic Languages），别译阿勒泰语系，取名自西西伯利亚平原以南的阿尔泰山脉，最先由芬兰学者马蒂亚斯·卡斯特伦提出，包含 60 多种语言，分布于中亚及其邻近地区。分为突厥语族、蒙古语族、通古斯语族。

造时间较早，多为 16 世纪末阿勒坦汗管制时期建造，锡林郭勒盟、兴安盟、赤峰市、通辽市地区藏传佛教建筑建造时间多为 17 世纪中叶，清政府出于统治目的而建造，并且部分召庙由汉传佛教寺庙改建，即使新建召庙也受汉式寺庙建筑风格影响较大。

内蒙古地区回族、维吾尔族、哈萨克族、柯尔克孜族等民族主要信仰伊斯兰教；信仰东正教的主要是俄罗斯族；汉传佛教主要以汉族信仰人数居多。另外，基督教在 7 世纪就已传入内蒙古地区，清朝末年开始迅速发展。总之，内蒙古地区的宗教文化呈现出以萨满教为基础，以佛教为核心，辅之以基督教、伊斯兰教等，可谓"杂而多端"，从一定意义上反映出蒙古人海纳百川的性格，体现出内蒙古地区宗教信仰的多元化特征。

3. 民族文化

内蒙古自治区是一个多民族边疆省份，自古以来就是众多民族生息繁衍之地。在内蒙古广袤的土地上，生活着除珞巴族以外的蒙古族、汉族、满族、回族、达斡尔族、鄂温克族、鄂伦春族、朝鲜族、锡伯族、土家族、东乡族、苗族等 55 个民族。据 2010 年第六次全国人口普查数据统计，内蒙古地区常住人口 2470 万人，其中少数民族人口 505.6 万人，占全区总人口的 20%；蒙古族人口 442.6 万人，占全区总人口的 17.1%。另外，受"走西口"等移民活动因素的影响，巴彦淖尔市、包头市、乌兰察布市、鄂尔多斯市汉族人口所占比例较大，均为 90% 以上。这也形成了内蒙古地区民族文化呈现出蒙古族文化凸显，汉族文化为主，多民族文化并存的地区文化特征。

1.1.3 内蒙古地区传统建筑分布概况

1. 宗教建筑

内蒙古地区现存宗教建筑数量最多，分布最广的为藏传佛教建筑，大多为明清时期建造，虽然在此之前也有此类宗教建筑兴建，但受历史、政治等原因的影响，明清时期大都改建或改宗为藏传佛教建筑。

13 世纪中叶，蒙古统治者在统一西藏的征战过程中接受了藏传佛教，元朝将之立为国教。但当时的藏传佛教主要在皇室及上层社会传播，并未深入民间广泛传播。元亡后 200 余年间，藏传佛教在蒙古族中的影响减弱。直至 16 世纪晚期，达延汗（约 1479～1571 年在位）之孙——土默特部首领阿勒坦汗在向青藏高原拓展势力的过程中接受了格鲁派藏传佛教（或称为黄教、喇嘛教）。1578 年 6 月 19 日，阿勒坦汗与西藏藏传佛教格鲁派领袖三世达赖喇嘛索南嘉措在青海恰布恰庙会面，这次会面首次以法律的形式规定蒙古人的宗教信仰为藏传佛教，同时禁止萨满教在本土的信仰与传播。这次具有历史意义的会晤及相应政策与宗教活动标志着中断了 200 余年的蒙藏关系得以恢复，蒙古人再度正式皈依藏传佛教。之后，在阿勒坦汗的大力倡导和扶植下，藏传佛教格鲁派首先在土默特、鄂尔多斯等漠南蒙古地区广泛传播，并且对蒙古社会的政治、经济、文化等领域产生极为深远的影响，成为能够左右蒙古社会的重要精神力量[5]。此时，内蒙古中、西部地区的藏传佛教得到了广泛的传播，同时出现一定数量的寺庙和喇嘛。17世纪上半叶，清政府采取"以黄教柔驯蒙古"的政策，在蒙古族地区极力推广藏传佛教[6]。在朝廷的庇护和蒙古僧俗等封建上层的大力提倡下，内蒙古东部各盟旗境内出现了大量的藏传佛教召庙，并且众多汉传佛教寺庙被改建为藏传佛教召庙。因此，内蒙古东部地区藏传佛教召庙汉式风格比较突出，西部地区的藏传佛教召庙则以藏式或汉藏式风格更为显著。

清朝中期，内蒙古地区藏传佛教召庙约有1800多座，至清朝后期，清政府对藏传佛教的政策由扶持、发展转为限制，使藏传佛教的势力逐步趋于削弱。到了清朝末期，清政府无力扶持藏传佛教，藏传佛教寺庙和喇嘛人数逐年减少。光绪年间，内蒙古地区藏传佛教召庙有1600余座。20世纪40～50年代，根据内蒙古自治区有关部门和有关研究人员考察，内蒙古地区寺庙约1366座，喇嘛人数约6万人，详见表1-1[7]：

20世纪中期内蒙古自治区各盟、市喇嘛教寺庙、喇嘛人数统计表　　　表1-1

地区	寺庙数	喇嘛人数	备注
哲里木盟（现通辽市）	242	12174	另外：清代属于内蒙古卓索图盟的土默特左、右旗属哲里木盟（现通辽市）的郭尔罗斯前、后旗有寺庙36座，这样中华人民共和国成立初期内蒙古地区实有寺庙约1408座。
昭乌达盟	201	9897	
呼伦贝尔盟（现呼伦贝尔市）	42	2655	
兴安盟	31	2614	
锡林郭勒盟	273	14378	
乌兰察布盟（现乌兰察布市）	139	2611	
伊克昭盟（现鄂尔多斯市）	252	9000	

内蒙古地区属穆斯林散居区，呈大分散、小集中的特点，境内信仰伊斯兰教的民族主要是回族。另外，在阿拉善盟还有少部分蒙古族群众也信仰伊斯兰教。15世纪末，伊斯兰教已经在内蒙古地区广泛传播开来，多伦、丰镇、归绥、包头等地建有许多清真寺。中华人民共和国成立初期内蒙古自治区有清真寺80余座，阿訇280多名。目前内蒙古自治区的回族人口为21万余人，有登记的清真寺177座（其中呼和浩特市有17座，包头市有12座，乌海市有12座，赤峰市有26座，通辽市有11座，鄂尔多斯市有1座，呼伦贝尔市有27座，兴安盟有2座，锡林郭勒盟9座，乌兰察布市16座，巴彦淖尔市32座，阿拉善盟12座），全区共有阿訇360多名（表1-2）。以上统计资料不包括主要分布在阿拉善左旗的敖龙布鲁格、巴彦木仁、乌素图、吉兰泰、汗乌拉等苏木的信仰伊斯兰教的蒙古族。今天的蒙古穆斯林，从民族上看，为蒙古族，他们讲蒙语，使用蒙文，与阿拉善地区其他蒙古人一样过着农牧生活，但从宗教信仰上看，他们信仰伊斯兰教，从民族和宗教认同方面来看，自称和他称都为蒙古人[4]。

2001 年底统计内蒙古各盟市清真寺分布情况　　　　　表 1-2

地区	数量	具体名称
呼伦贝尔市	28	拉布大林清真寺　大杨树清真寺　三河清真寺　阿里河清真寺　下护林清真寺　根河清真寺　上护林清真寺　金河清真寺　苏沁清真寺　得尔布尔清真寺　建设清真寺　牙克石清真寺　团结清真寺　免渡河清真寺　莫尔道嘎清真寺　伊图里河清真寺　满洲里清真寺　图里河清真寺　扎来诺尔清真寺　乌尔其河清真寺　巴彦库仁清真寺　海拉尔清真寺　扎兰屯清真寺　大雁清真寺　阿拉坦额木勒清真寺　巴彦托海清真寺　尼尔基额木勒清真寺　甘河清真寺
赤峰市	26	乌丹清真寺　衣家营清真寺　米家营清真寺　大庙西街清真寺　经棚清真寺　西柜清真寺　林西清真寺　新惠清真寺　忙农清真寺　金厂沟梁清真寺　天义清真寺　小五家清真寺　二龙清真寺　林东清真寺　瓦房清真寺　天山清真寺　锦山清真寺　军马厂清真寺　旺业甸清真寺　土城子清真寺　大板清真寺　赤峰清真北寺　五里岔清真寺　赤峰市清真南寺　老府清真寺　波罗胡同清真寺
通辽市	11	霍林郭勒市清真寺　科尔沁区清真寺　科尔沁区木里图镇清真寺　科尔沁区庆和镇清真寺　库伦旗清真寺　科左后旗甘旗卡清真寺　科左后旗金宝屯清真寺　科左后旗卫门营清真寺　开鲁县清真寺　开鲁县麦新清真寺　扎鲁特旗鲁北镇清真寺
兴安盟	2	乌兰浩特清真寺　科右中旗清真寺
呼和浩特市	15	清真大寺　清真北寺　清真小寺　清真东寺　清真东北寺　清真西寺　清真南寺　清真西北寺　新城清真寺　团结清真寺　土左旗察素齐清真寺　托克托县新城清真寺　托克托县旧城清真寺　河口清真寺　武川县清真寺
锡林郭勒盟	9	锡林浩特市清真寺　巴音乌拉清真寺　蓝旗清真寺　赛汉镇清真寺　多伦清真中寺　乌里雅斯清真寺　新浩特镇清真寺　宝昌镇清真寺　黑城子示范区清真寺
乌兰察布盟（现乌兰察布市）	16	前旗平地泉镇清真寺　前旗礼拜寺清真寺　中旗大马库仑清真寺　四子王旗乌兰花清真寺　四子王旗宝力板清真寺　卓资县下营清真寺　卓资城关镇清真寺　丰镇市隆盛庄清真寺　丰镇市城关镇清真寺　兴和县二十号地清真寺　兴和县回民五号清真寺　商都县城关镇清真寺　商都县杨家树清真寺　化德县城关镇清真寺　集宁市清真大寺　集宁清真西寺
包头市	12	昆区清真寺　青昆清真寺　清真大寺　瓦窑沟清真寺　榆树沟清真寺　胜利路清真寺　土默特右旗清真寺　毛其来清真寺　固阳县清真寺　东园清真寺　沙尔沁清真寺　五塔沟清真寺
巴彦淖尔盟（现巴彦淖尔市）	31	临河市清真南寺　临河市清真北寺　临河市开发区清真寺　临河市马道桥清真寺　临河市建设乡清真寺　临河市黄羊镇清真寺　临河市八岱乡清真寺　临河市城关乡学光清真寺　杭后陕坝清真寺　杭后圆子渠清真寺　杭后南梁清真寺　杭后四支清真寺　杭后城西清真寺　磴口县巴隆清真寺　磴口县粮台旧区清真寺　小牛犋东寺　小牛犋西寺　补隆清真寺　乌兰布和清真寺　磴口县清真北寺　磴口县清真南寺　五原县清真南寺　五原县清真北寺　丰裕清真寺　民族清真寺　乃日清真寺　五原和胜清真寺　前旗清真寺　公庙清真寺　奋斗村清真寺　广铁村清真寺
鄂尔多斯市	1	东胜清真寺
乌海市	12	海勃湾清真寺　卡布其清真寺　五原地清真寺　农场清真寺　矿区清真寺　五虎山清真寺　乌兰乡清真寺　乌兰阿日勒清真寺　老石旦清真东寺　老石旦清真西寺　公乌素清真寺　拉僧庙乡清真寺
阿拉善盟	12	别格太清真寺　好来包清真寺　磴口清真东大寺　磴口清真中寺　老崖清真寺　吉兰太镇回民清真寺　腰坝清真寺　南梁上清真寺　南梁下清真寺　东关清真寺　达来呼布清真寺　乌素图清真寺

资料来源：马永真，代林. 内蒙古清真寺 [M]. 内蒙古：内蒙古人民出版社，2003：172-176.

　　汉传佛教在内蒙古地区的传播主要受魏晋南北朝时期中国佛教高涨期的影响，北方少数民族政权统治者也提倡佛教信仰，因而在沿长城区域的农牧区交错地带汉传佛教盛行。虽然清朝时期清政府大力推崇藏传佛教，但至 1949 年中华人民共和国成立之前，内蒙古境内仍有汉传佛教庙宇 40 多座，目前内蒙古全区正式登记的汉传佛教寺庙 45 处[6]。

2. 衙署建筑

　　内蒙古地区遗存的典型衙署建筑包括：呼和浩特公主府，为和硕恪靖公主下嫁蒙古居住过的府邸，是塞外保存最完整的一处清代四合院建筑群；呼和浩特将军衙署，是历代绥远将军办公及生活的府衙，中国东北、西北边疆地区保存最完整的一座将军衙署，也是全国仅存一处清代边疆将军衙署；其他几处则是清代封爵的亲王、郡王府邸，兼具办公与居住的功能。除图什业图亲王府被彻底毁坏重建以外，其他衙署建筑保存较为完好。内蒙古地区较典型衙署类建筑详情见表 1-3：

内蒙古地区现存典型衙署建筑概况　　　　　　　　　　　　表 1-3

地区	名称	建造时间	类型等级	功能
呼伦贝尔市	呼伦贝尔副都统衙门	1732 年	军府	办公
通辽市	达尔罕亲王府	明万历年间	亲王府	办公、居住
通辽市	奈曼王府	1863 年	郡王府	办公、居住
兴安盟	图什业图亲王府	1871 年	亲王府	办公、居住
赤峰市	喀喇沁亲王府	1679 年	亲王府	办公、居住
锡林郭勒盟	苏尼特德王府	1863 年	郡王府	居住
乌兰察布市	四子王旗王爷府	1905 年	郡王府	办公、居住
呼和浩特市	公主府	1701 年	与郡王府相同	下嫁公主府邸
呼和浩特市	将军衙署	1737 年	一品封疆大吏	办公、居住
鄂尔多斯市	伊金霍洛旗郡王府	1936 年	郡王府	办公、居住
鄂尔多斯市	准格尔旗王爷府	1867 年	贝勒府	居住
阿拉善盟	阿拉善王府	1731 年	郡王府	办公、居住

3. 民居建筑

作为游牧民族的蒙古族与北方其他游牧民族一样，一直以"毡帐"为居。现今蒙古族使用的蒙古包约在唐代即已定型，从库伦旗出土的辽墓壁画可知，蒙古包在公元 8 世纪时其结构与今天已相差不多。内蒙古地区还有除蒙古族以外其他以游牧、狩猎为生的少数民族，在狩猎生活中创造了"斜仁柱"的居住建筑形式，主要分布在今内蒙古东北部，但由于生产生活方式的巨变以及文化交流的影响，"斜仁柱"已经消失。

内蒙古特殊的地理位置，这里自古以来就是一个移民活动频繁的地方。清中叶以后，各种原因驱使中原地区大量移民涌入内蒙古南部进行垦荒。移民迁徙往往有一定的地域关联性，呈现出就近迁徙的特征，如甘肃、宁夏的移民进入内蒙古西部地区，陕西、山西、河北的移民则在内蒙古中部地区落户，而东部地区移民多来自于山东、辽宁等地。由于与原生活地区有相近的自然条件，所以移民带来的居住形式较易与迁徙地自然环境相适应，因此形成今天内蒙古地区民居建筑的多样化现状[8]。

内蒙古西部地区属半沙漠地带，干旱少雨，这里的民居多为平顶式建筑。平面布置为"四合房式"，院子南北甚长，成窄条状，房屋前檐多数带柱廊，因受宁夏地区民居影响较大，所以又称"宁夏式"。中部地区的住宅形式多仿照山西北部的住宅风格，平面成"四合"或"三合"院落形式，大门开在院落东南角，院子多呈南北稍长而东西略窄的方形，一般为一进院落形式。内蒙古中部地区正黄旗、丰镇等地为黄土地带，土质细腻，土层构造坚固，再加之这里受山西近地域文化影响，当地出现了"窑居"式民居形式，也有一部分居民在地面上做圆拱形房屋，俗称大窑式。内蒙古东部地区的民居形式则带有典型的东北民居特征，从平面上看，大门、正房布置在中轴线上，两侧建厢房，成三合院布局形式，院子面积较大，房屋密度稀疏，屋顶成双坡式，没有曲线。通辽地区也有不少民居呈圆顶形式，与吉林地区民居较相似。

内蒙古东部靠近中俄边境的额尔古纳右旗，自清初以来，不断有俄罗斯人迁徙于此，并与来此闯关东的山东等内地人联姻，形成今天的俄华后裔（现称俄罗斯族）。他们的住宅形式带有明显的俄罗斯特色，当地人称之为"木刻楞"[8]。

1.2 地域文化历史沿革

1.2.1 内蒙古地区文化历史进程

内蒙古地区文化历史悠久，早在旧石器时代，人类就在阴山脚下从事生产劳动，繁衍生息。他们创造了今内蒙古西部地区的"大窑文化""河套文化"和内蒙古东部地区的"红山文化""夏家店文化""扎赉诺尔文化"。表明不仅黄河流域和长江流域是中华民族古老文化的发祥地，内蒙古地区也是我国远古文化的摇篮[9]。

从春秋、战国直到蒙古族兴起，元朝建立前，内蒙古地区活动时间较长的民族有匈奴、东胡、鲜卑、突厥、契丹、女真等，这些民族曾在内蒙古高原上建立过强大的奴隶制及封建制国家。公元前3世纪，居住在今内蒙古西部地区的匈奴建立了草原上第一个奴隶制国家[9]。在内蒙古西乌旗吉仁高勒苏木伊和吉仁高勒河西岸，有一座接近正方形的古城，四面城墙已成为很高的堆土，但轮廓清晰，城中部有一较高大的圆形建筑遗迹，是锡林郭勒盟境内发现最早的匈奴古城遗址。

游牧于今内蒙古东部地区的东胡，与匈奴同一时期出现，后被匈奴打败，分裂成鲜卑、乌桓等几个民族，鲜卑族逐渐强大起来，打败了匈奴，于公元386年建立了北魏政权，也是南北朝时期北朝的第一个王朝。北魏末年，突厥兴起，建立了以游牧为主的部落联盟国家。依附于后突厥汗国的契丹民族，于公元907年统一蒙古草原各部建立契丹，公元947年改国号为"辽"。1115年，东北地区的女真族推翻了辽国，建立金朝，建造京城（中都，今北京市）。12世纪，成吉思汗正式建立了"大蒙古国"，从此，蒙古成为草原各部族的共同称谓，并在中亚、俄罗斯大部、马扎儿（匈牙利）等地建立了四个汗国。后来，忽必烈正式定国名为元，1276年元军占领南宋都城临安，俘虏南宋皇帝，南宋灭亡。元朝统治时期，疆域比以往任何朝代都辽阔[9]。由于元代统治者崇信宗教，宗教建筑异常兴盛。尤其是藏传佛教得到元朝的推崇后，蒙古高原出现了藏传佛教召庙，建筑装饰在西藏地区召庙的基础上与蒙古地区文化、审美相结合。此时期在木构建筑方面，仍是继承宋、金的传统，但在规模与质量上都逊于两宋，尤其在北方地区，一般寺庙建筑加工粗糙，用料草率，常用弯曲的木料作梁架构件，许多构件被简化。这种变化所产生的后果当然不完全是消极的，因为两宋建筑已趋向细密华丽，装饰繁多[10]。

1368 年，朱元璋建立明朝，元朝所属的蒙古族各部退居到蒙古高原。17 世纪女真族重新强盛起来，建立后金，推翻明朝建立清朝[9]。由于蒙藏民族的崇信和清政府的提倡，内蒙古地区兴建了大批藏传佛教建筑，建筑的做法大体都采取平顶房或平顶房与坡顶房相结合的办法，也就是藏族建筑与汉族建筑相结合的形式，打破了我国佛教建筑传统的、单一的程式化处理方式，丰富了我国传统建筑形式。它们各以其主体建筑的不同体量与形象而显示其特色，是清代建筑中难得的上品[10]。同时对内蒙古地区地域建筑文化发展格局的形成具有重要意义。

1.2.2　典型文化特征

1. 礼制文化

（1）蒙古之礼

蒙古族从北方游牧民族诸部族之一状态逐渐强盛、扩张，繁衍至今，形成了蒙古族颇具特色的礼制文化。蒙古族礼制文化特征，对内蒙古地区地域建筑乃至建筑装饰的形成具有重要影响。

1）蒙古族婚礼

内蒙古地区地域辽阔，因而蒙古族婚礼仪式多样。其中，鄂尔多斯婚礼尤为典型，已流传近 800 多年，以其独具蒙古民族文化特色而闻名于世，2006 年被列为国家非物质文化遗产。鄂尔多斯婚礼发源于古代蒙古，形成于蒙元时期，《蒙古秘史》中对蒙古族婚礼的产生有着详细的记载，如今蒙古族婚礼发展成一种礼仪化、规范化、风俗化的民俗文化，成为蒙古族特色鲜明的文化元素。例如，蒙古族婚礼进行中一个重要的环节是迎亲马队顺时针方向绕蒙古包转三圈，然后停在铺着白色地毯的蒙古包入口，仪式中在数字、方向及色彩方面的仪式内容，是蒙古族婚礼仪式在民族文化方面的体现[11]。我们在蒙古族的居住文化及蒙古包的装饰形式中也可以看到婚姻礼制文化对其的影响。

2）禁忌之礼

蒙古族的禁忌包括对数字和色彩的信仰、崇拜以及把心中的敬畏表现在行动上的限制和忌讳。首先是重"九"之礼，蒙古族认为"九"是有着重要意义的数字，认为"九"是广阔、幸福、长寿等吉祥的象征。在蒙古族的建筑装饰中亦可以看到对"九"的推崇。例如蒙古族牧民居住的蒙古包门前，可以看见两根高高的旗杆，顶端装有三叉铁矛，蒙古人称之为"玛尼宏"。拉扯在两杆之间的细羊毛绳上悬挂着的五彩小旗，每面小旗子上都有九匹昂首向上奔腾的神马图案。另外，蒙古包的房椽也是由九九八十一根支撑材料组成。

蒙古族有崇"白"之礼，白色代表着圣洁。在《蒙古秘史》中记载，多种动物皆以白色为主，有时是图腾之物为白，有时是坐骑为白，这表明白色对于蒙古族的重要性。蒙古包也以白色为主，一方面与环境等其他因素有关，另一方面便是出于对白色的推崇[12]。

3）祭祀之礼

蒙古族的祭祀之礼主要有祭天、祭祖，其中最具代表性、保存最好的祭祖活动是成吉思汗祭祀。成吉思汗祭祀文化是内蒙古地区最具代表性的传统祭祖活动。成吉思汗于1227年病逝，至今虽有七百多年的历史，对成吉思汗的祭奠活动却在草原上一代一代流传下来。据史书记载，成吉思汗的各种祭奠活动每年要进行三十多次，而这些祭奠都有不同的时间、方式和祭品。1955年，伊克昭盟政府（今鄂尔多斯市）为了便于祭奠，征得土尔扈特人和蒙汉同胞的同意，将分散在各旗的成吉思汗画像、苏力德、宝剑、马鞍等物集中到成吉思汗陵所在地，并且把各种祭奠活动集中进行，每年进行4次，祭奠活动由土尔扈特人主持（图1-1）。

图1-1　成吉思汗陵

苏力德祭祀是草原上蒙古族十分重要的祭祀活动，苏力德是战神的标志，主要由黑、白两色组成，黑色象征着战争与力量，白色象征着和平和权威。苏力德作为一种民族文化、精神文化的象征和信仰标志，在内蒙古地区仍随处可见，同时也成为内蒙古地区建筑装饰的典型符号。

蒙元王朝将宗教的祝祷仪式视为告天，兼容了多元文化，扩展了祭天仪式的范围。元朝时期，蒙古上层人士将蒙古"国礼"因素糅进了仪式中，既是蒙古文化对中原礼制的渗透，也是某种程度上的文化融合[7]。

4）居住之礼

蒙古包是蒙古民族文化的体现，蒙古包的选址、空间布局与划分都体现出蒙古民族的文化特征。牧民在营盘选择时，充分考虑朝向与环境，一般将蒙古包朝向东南，包前如能有河流或蜿蜒的小路，则被认为是吉祥的区位。在蒙古包内部空间秩序与布置方面，蒙古族一直以"以西为贵"的礼制原则进行布置。从蒙元时期的古列延围绕中心的贵族以西为尊，到蒙古牧民的浩特布局中西部的蒙古包住长辈，都体现了对西的尊重。蒙古包内圆形平面空间被划分为西北、西南、东北、东南、中央五个区位，不同区位具有相应区位属性与家庭分工。蒙古包中央为火撑区，它的由来是因为蒙古人较为崇拜火[13]。蒙古包的门一般都是朝向东面，因为蒙古族人认为，门朝向太阳升起的地方，才会吉祥如意。而且在实际的生活中，门朝向东南方能防止草原上常年不断的西风直接吹入蒙古包内，使屋内不至于过冷。因此，现在的蒙古包民居内部陈设仍以灶火为中心，西北面为神位，摆放佛像、佛龛的布局形式。蒙古包虽然为移动式住宅，但是内部布局及装饰都有其民俗传统以及明确的规定，是美好寓意以及生活习惯的融合性体现。

（2）中原之礼

中国传统"礼制"是影响我国传统建筑形式的重要因素。它深刻地影响着建筑的计划和内容，形状和图案，在建筑史上是无法忽略它的存在的[14]。在蒙古族的发展过程中，多次与中原地区产生交流、融合，因此内蒙古地区的传统建筑不可避免受到中原礼制的影响，尤其是清朝时期所建的各衙署建筑皆按照清朝礼制文化要求进行建造。《钦定大清会典·工部》规定："省文武官皆设衙署，其制，治事之所为大堂、二堂。外为大门、仪门，大门之外为辕门（武官有之）；宴息之所为内室，为群室；吏攒办事之所为科房。官大者规制具备，官小者依次而减。"古代各级地方衙门尽管受占地面积、地理形势、财力贫富、地方民俗及主持建设者的个人意志等因素所制约，其规模大小不尽相同，主体建筑体量大小并无统一规定，但中轴线建筑布局形式与建筑次序礼制化规定严格，中轴线之外布局比较灵活。

内蒙古地区衙署建筑大多为清朝所建，其建筑及装饰所遵从的等级规范在《钦定大清律例》中可以找到明确的标准，比如在卷十七"礼律仪制"中规定："若僭用违禁龙凤纹者，官民各杖一百，徒三年（官罢职，不叙），工匠杖一百，违禁之物并入官。""房舍并不得施用重拱重檐，楼房不在重檐之限。职官一品二品，厅房七间九架，屋脊许用花样善吻，梁栋斗栱檐桷彩色绘饰，正门三间五架，门用绿油，兽面铜环；三品至五品，厅房五间七架，许用兽吻，梁栋斗栱檐桷青碧绘饰，正门三间三架，门用黑油，兽面摆锡环；六品至九品，厅房三间七架，梁栋止用土黄刷饰，正门一间三架，门用黑油，铁环；庶民所居堂舍不过三间五架，不用斗栱彩色雕饰"等[15]。内蒙古地区衙署建筑皆按这些礼制规定建造，进而也呈现出虽在异地，但形却相似的现状。

2. 宗教文化

（1）藏传佛教文化

藏语系佛教又称西藏佛教，是中国佛教的组成部分，是佛教在西藏的地方形式。在对其称谓上，有称作"喇嘛教"或"藏传佛教"和"西藏佛教"。但西藏人不称其为"喇嘛教"或"藏传佛教",而称为"桑结却鲁"❶。藏传佛教历史悠久,在发展过程中形成了自己的文化特点。在我国,藏传佛教传播十分广泛,遍及西藏、甘肃、青海、四川、云南、新疆、内蒙古等地。

藏传佛教文化体现在寺庙僧伽组织、藏传佛教仪轨等方面,宗喀巴建立了严密的寺院组织机构,按照隶属关系分出不同级别的机构,大都分为:拉吉,即大经堂或正殿,是全寺活动的中心;扎仓,是二级机构,属寺庙的管理机构;康村,是三级机构,也是寺庙的基层组织,是扎仓内按照僧众籍贯所属区域所划分[17]。藏传佛教寺庙僧伽组织对建筑布局形式具有重要的影响,寺庙布局需要依据僧伽组织形式关系进行。藏传佛教对其宗教仪轨十分重视,并有严格的规定,如佛教仪式从入殿礼仪、等级分布、法器放置,再到殿堂布置等方面,都有严格规定。此外,不同仪轨形式,所需空间也有不同要求,进而形成以藏传佛教仪轨文化为依托的各宗教空间,这一点对于藏传佛教建筑形式及建筑艺术影响重大。此外,藏传佛教文化内容通过图案、色彩等方式进行传意表达,这些内容成为后来藏传佛教建筑文化的重要体现。

藏传佛教图案内容丰富,如莲花、狮子、大象、宝珠、金刚杵、佛教"八宝"以及密教的"六字真言"等。每一图案题材(动物、植物、器物或文字)都隐含着佛的事迹和教义。如"莲花"寓示佛的说法(另有"纯洁"的内涵),"象"代表着佛的降生(另有"吉祥"的内涵),"金刚杵"具有降魔护法之意等,这些题材起着概括佛法的符号作用。其中,莲花图案在建筑中应用最广,柱础、佛座、藻井、地面、佛幡等比比皆是,而且变体也最多;人物题材图案中如天王、力士、伎乐天女等,利用这些人物形象衬托出佛界气氛。

在色彩方面,随着藏传佛教文化体系的建立,色彩也被制度化。例如,红黄等色彩只能在寺庙、宫殿或更高级别的建筑中使用,黄色在藏传佛教中代表了格鲁派,也称之为"黄教",它是黄金的颜色,象征着尊贵和神圣,是宗教权力和地位的体现[18]。

唐卡是悬挂在藏传佛教建筑殿堂中的重要装饰物,凡是弘扬藏传佛教文化的区域必有唐卡。唐卡题材以佛教内容居多。唐卡的艺术构图饱满、形象庄重逼真,工艺精湛、色彩鲜明、装饰感强,加上绘画、刺绣艺术的配合,成为藏传佛教寺庙装饰艺术的重要内容。

(2)萨满教

萨满教是世界上最早出现的宗教之一,覆盖范围包括亚洲中部阿尔泰语系中的蒙古语族,满通古斯语族和突厥语族的游牧民族活动地区,没有明确的创始人。在古代社会,人们认为神灵主宰一切现象,因而崇拜很多神灵。萨满教常赋予火、日月星辰、雷电等自然现象和某些动物以人格化的想象和神秘化的灵性,视为主宰自然和人间的神灵。萨满教有自然崇拜、图腾崇拜和祖先崇拜,并且具有相应的祭祀仪式。

蒙古族萨满教崇拜"天",即蒙古语中的"腾格里",除此之外,蒙古族萨满教还祭祀大地、火焰,他们认为大地是万物之母,火焰是家族兴旺的象征,现在蒙古族在居住的

---

❶ 弘学. 藏传佛教 [M]. 成都:四川人民出版社,2006.

蒙古包中仍将火灶置于中间位置便是对这种崇拜的延续。

随着萨满教活动的频率日趋减少，萨满的社会地位和作用也不可与昔日相比，不少地方后继无人，萨满教逐渐被藏传佛教所改造兼并，宗教仪式的主角"博额"被喇嘛所取代，萨满教所信仰的神祇已经纳入佛教的万神殿里，就连祭敖包、祭山神、祭地神等民间祭祀活动也被藏传佛教所兼容并蓄，萨满教逐渐退出蒙古人社会生活的舞台[19]。

（3）伊斯兰教

内蒙古地区信仰伊斯兰教的民族主要是回族，也有部分蒙古族、维吾尔族、哈萨克族及其他少数民族。蒙古族穆斯林长时间受蒙古统治者的统治，与其他蒙古族来往密切，随着社会的变迁及民族融合，他们难免会受到萨满教及藏传佛教的影响。比如蒙古族穆斯林中一部分信众也有祭敖包的习惯，但他们所祭祀的敖包是独立的，另外，祭祀形式也异于其他蒙古族的祭敖包形式，例如，蒙古族穆斯林祭敖包是不磕头的[20]。

20世纪50年代进行民族识别时，肯定了这些信仰伊斯兰教的信众为蒙古族，只是在宗教信仰方面与其他大多数蒙古族不同而已[13]。他们的生活中渗透了其他蒙古人传统信仰的思维，但是也并不影响他们的主流信仰，他们仍是穆斯林。

3. 民族文化

（1）蒙古族

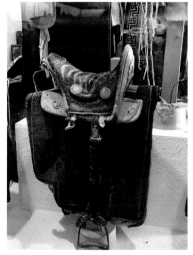

图1-2 蒙古族马鞍

内蒙古地区是以蒙古族为主的少数民族聚集区，蒙古族在内蒙古地区长期繁衍生息，形成了本民族特有的民族文化特征，对本地区生产、生活具有重要影响。蒙古族自古是马背上的民族，与马有着千丝万缕的联系，马不仅用于骑乘、驮运货物，也同时会在庆典、祭祀和竞赛中出现，进而形成了马文化。蒙古族的马文化是指驯马人和骑马人的民俗。这里不得不提马文化的重要内容之一"马鞍"，在马文化的发展过程中形成典型的"马鞍文化"，蒙古族的马鞍造型装饰十分别致，其中蕴含着典型的游牧文化特征，马鞍上的装饰形式在历史发展的长河中历经淘洗，展现了游牧民族对于自然物象、生活状态、宗教信仰的理解和祈愿（图1-2）。传统马鞍装饰形式及内容分为以下四种：1）自然图案：如山、水、火、云等；2）植物图案：如莲花、杏花、葵花、牡丹等；3）动物图案：如蝙蝠、鹿、蝴蝶、猴、蛇等；4）几何图案：盘肠、方胜、汗宝古、普斯兰贺、兰萨、万字纹、寿字纹等。这些纹样与蒙古族传统建筑装饰纹样显示出一脉相承的文化特色。较为独特的是，在鞍鞒上的圆形及类圆形装饰图案出现频率非常高，这一类图案位置居于前鞍轿中央，应该是蒙古族"尚圆"审美观的体现[21]。

摔跤是蒙古族重要的传统竞技活动，蒙古族的摔跤服也独具民族特色。摔跤服饰由坎肩、三色彩带、护身颈结及肥裆裤、套裤、香牛皮靴子组成，可以显示摔跤手雄壮威武的英姿。摔跤服作为蒙古族服饰的类型之一，在绘制与镶嵌、刺绣时运用不同的手法、符号、色彩进行搭配，装饰形式丰富，色彩艳丽，与蒙古民族豪放的性格相吻合，同时与本地域建筑装饰符号产生部分重叠之处，蕴涵了蒙古族宗教、习俗、礼教、历史传承、文化与艺术的相互融通[22]。

蒙古族的传统饮食比较粗犷，以牛羊肉、奶、野菜及面粉为主要食材。传统食品分为白食和红食两种，白食蒙古语叫查干伊德，是牛、马、羊、骆驼的奶制品。按照蒙古族的习惯，白色表示纯洁、吉祥、崇高，因此白食是蒙古人待客的最高礼遇。红食蒙古语叫乌兰伊德，即牛、羊等牲畜的肉制品。

蒙古人所崇拜的图腾有狼、鹿、熊、牦牛、鹰、天鹅、树木等。《蒙古秘史》开篇第一句话这样写道：成吉思汗的祖先是承受天命而生的孛儿帖赤那和妻子豁埃马兰勒，即蒙古人所崇拜的图腾狼和鹿。此外，受中原汉文化的影响，蒙古民族也崇拜龙，有些部族有树木图腾崇拜、牦牛图腾崇拜等。蒙古族图腾崇拜的历史渊源反映出蒙古族图腾崇拜与北方其他各少数民族特别是阿尔泰语系各民族之间存在许多共通之处，体现出各民族间相互交融的密切联系。

（2）汉族

随着商贸的繁荣、城镇的兴起，汉族人口大量涌入内蒙古地区，对蒙古族生活方式、民风习俗产生了极大的影响。饮食方面，进入内蒙古地区的汉族，将自身饮食习惯同时带入内蒙古地区，逐渐影响了蒙古族以肉、奶为主的饮食习惯，蒙古族的饮食中也出现蔬菜、谷物，辅以肉食，谷子、玉米、小麦等也成了他们的常用主食。而出塞的汉人同样受到蒙古族生活习惯的影响，并把蒙古族的饮食习惯带到汉地，比如奶茶和肉食也为汉人所喜欢，至今仍流行于关内晋北、陕北一带。喝酒时唱"祝酒歌"本为蒙古族特有风格，当今也在汉族的餐桌上出现。

语言是表达感情、交流思想的工具。汉族与蒙古族之间要发展贸易，语言交流必不可少，为了克服在经济交流中因语言不通而带来的麻烦与困难，汉族很注重学习蒙语。汉族商人曾自行编纂用汉语注音的《蒙古语言》工具书，要求赴蒙贸易者掌握蒙语。入蒙一年以上的商人，都可讲一些蒙语单词和日常生活用语。由于长期在外经商，再加上涌入漠南的汉人逐渐增多，他们习惯性地把蒙地许多事物的命名引入内地，如村子称为"营盘"。有的汉族村庄名取自蒙古地区的音译，如厂不浪，就转自蒙古语"察罕布拉克"。随着汉族移民数量在一些地区超过蒙古族人口数量，塞外语言流向发生转折，学汉语行汉俗趋于流行。在互相学习的基础上，逐渐产生了一种特殊的地方语言，这就是"内蒙古方言"，它是以晋西北口音为基本语言的汉语，词汇读音和语法特点明显保留了晋西北语言的特色。

建筑文化方面，内蒙古地区邻近北方汉族区域民居类型呈现多样化，主要有晋风民居、窑洞、宁夏式民居、甘肃式民居等土木结构平房，在民居的建筑装饰上体现出汉蒙交融的局面。

在装饰艺术方面，汉族文化对蒙古族民间图案的影响也是极为广泛的。例如荷花、牡丹、瓜蝶、龙凤呈祥、鸳鸯戏水、鲤鱼跃龙门等汉文化典型装饰图案为样本的蒙古族图案样式层出不穷，而其寓意也是源自汉文化，如牡丹表富贵，鸳鸯表恩爱，石榴表多子多福等，鲤鱼闹莲是汉族民间常见的图案花纹，但在东部蒙古地区也同样可以见到 [23]。

（3）满族

内蒙古地区是中国满族人口分布的主要地区之一，满族人口数量仅次于汉族、蒙古族，是内蒙古地区第三大民族。除此之外，满族统治的清王朝时期，对内蒙古地区的政治、经济、文化影响广泛，因此，探讨内蒙古地区传统建筑文化，满族文化的影响不能忽略。满族是一个历史悠久的渔猎民族，有着开放虚怀、兼收并蓄的民族精神。内蒙古地区的满族文化受到蒙、汉民族文化影响较大。

民族艺术方面，满族的剪纸艺术有其独特的魅力，选用人物、动物等题材图案进行艺术再造，逢年过节会粘贴在门窗墙壁和屋梁处，寄托美好寓意增添节日氛围。满族刺绣像是精美考究的绘画作品，在各种物品上都有它的身影，飞禽走兽、百草花卉、人物故事都是她们的灵感来源，寓意吉祥美好、长寿平安。满族的服饰文化对中国服饰文化影响深远，努尔哈赤统一女真各部后，将他们穿着的"袍服"结合满族传统马甲改为旗袍，圆领、大襟、高开衩是其主要特征。旗袍时而衣袖肥大时而紧身素雅，衣服上绣有精美复杂的纹饰，辅以宽度不同的华美花边，脚下搭配"马蹄鞋"，富贵的满人还会在旗头上佩戴扇形花冠。清朝许多蒙古贵族与满族联姻，下嫁给蒙古王爷的满族女子将此服饰特色以及满族其他各类文化带到内蒙古地区，对内蒙古地区诸文化产生重要影响 [24]。

建筑文化方面，满族民居中最有特色的是"口袋房"，整座房屋形似口袋，因此得名。传统的满族民居一般是三间或五间，多在最东面一间南侧开门，或在五间的东起第二间开门。进门的第一间多为灶房，西侧多是两间或三间相连的居室，被称为上屋，东边的卧室则被称为下屋。在建房时，先建盖西房，再建东房，上屋中以西屋为大，上屋内的西炕更是用来敬祭神祖的神圣场所，有近水为吉、依山为富之说。这种建筑格局可以抵御寒冷与风雪，南面与北面的墙上开了窗户，到了冬天为了御寒也可将其用泥土堵起来。

火炕，是满族重要的居住文化发明，也是一项必备的生活设施，早在金代，女真人就曾用火炕保暖、耐寒、除湿，冬住南炕，即火炕，夏住北炕，南炕阳光充足多为老人和有地位的人使用，北炕用来存放粮食，西炕则用来供奉祖宗和摆放生活用品。炕除了睡眠用途外，还是日常生活的主要场所，炕上设有炕桌，用来吃饭、聊天、喝茶、读书和写字。现今内蒙古大部分地区传统民居仍然保留"火炕"的使用习俗，并且在现代建筑设计中对其进行了改良应用 [24]。

在能够满足日常生活的需求的基础上，满族人开始追求建筑的视觉艺术，在建筑上雕刻图案纹饰，并在院落入口处设置"影壁"。影壁设在大门内部中心位置，影壁对院落内部空间起到遮挡与分流的作用，为人们提供了一个心理上的空间界限，同时增加建筑空间层次。影壁上精美的雕刻图案使得影壁成为满族文化艺术的载体，为整体民居增添了艺术氛围，图案所包含的寓意也寄托着人们对美好生活的愿景。

　　内蒙古地区特有的自然环境与文化环境是影响内蒙古地区传统建筑形式、类型及建筑装饰形式的重要因素。在漫长的历史发展过程中，内蒙古传统建筑装饰深深地印上了地理环境的烙印，这种环境下所形成的草原文化、游牧文化渗透在建筑装饰的方方面面，生动地反映出人与自然、文化的和谐关系。而几千年来历史变迁、民族交融为内蒙古地区的建筑装饰注入新的活力，各族人民互相借鉴学习，使得内蒙古地区的建筑装饰呈现出特色鲜明、精彩纷呈的局面。

本章参考文献：

[1] 内蒙古自治区人民政府. 民族人口 [EB/OL].http://www.nmg.gov.cn/col/col118/index.html.

[2] 《发现者旅行指南》编辑部. 发现者旅行指南——内蒙古 [M]. 北京：旅游教育出版社，2016：44.

[3] 徐英. 中国北方游牧民族造型艺术研究 [D]. 中央民族大学，2006：167.

[4] 佟德富. 蒙古语族诸民族宗教史 [M]. 北京：中央民族大学出版社，2007：25-30.

[5] 张鹏举. 内蒙古藏传佛教建筑 [M]. 北京：中国建筑工业出版社，2012：4-12.

[6] 乌恩，崔文静，马宁. 内蒙古地区各宗教源流概述 [J]. 内蒙古统战理论研究，2012，（06）：18-21.

[7] 德勒格. 内蒙古喇嘛教史 [M]. 呼和浩特：内蒙古人民出版社，1998：453.

[8] 陈喆. 内蒙古民居建筑的多元文化特色剖析 [J]. 古建园林技术，2000，（04）：30-32.

[9] 满达日娃，那木吉拉. 我们的家园——内蒙古 [M]. 济南：山东画报出版社，1998：20-25.

[10] 潘谷西. 中国建筑史 [M]. 北京：中国建筑工业出版社，2009：46-47.

[11] 吉·阿尔云. 王炽文，译. 蒙古土尔扈特牧民的婚礼 [J]. 民族译丛，1988，（5）：60-61.

[12] 王福革，赵亚婷.《蒙古秘史》礼制研究 [J]. 西北民族大学学报，2018，（1）：103-107.

[13] 宝贵贞. 近现代蒙古族宗教信仰的演变 [D]. 中央民族大学，2007：75.

[14] 李允鉌. 华夏意匠——中国古典建筑设计原理分析 [M]. 天津：天津大学出版社，2014：39.

[15] 乔堃. 呼和浩特将军衙署建筑研究 [D]. 西安建筑科技大学，2007：10.

[16] 尤士洁. 浅论礼制对中国古代建筑的影响 [J]. 世纪桥，2010，（21）：21.

[17] 弘学. 藏传佛教 [M]. 成都：四川人民出版社，2006.

[18] 陈宇，刘世声. 探讨藏传佛教色彩文化对西藏民居建筑的影响 [J]. 现代装饰，2012，（2）：129-130.

[19] 吴宏亮. 蒙古建筑发展简史 [D]. 哈尔滨工业大学，2013：29-30.

[20] 索音布. 试论蒙古族穆斯林的历史与现状 [J]. 神州·上旬刊，2013，（06）.

[21] 郭继业. 蒙古族马鞍装饰图案特征研究 [J]. 社科学论，2018，（8）：133.

[22] 钱白. 苏尼特摔跤服图像学分析比较 [D]. 内蒙古师范大学，2017：12.

[23] 丛亚娟. 蒙古族传统家具图案的影响因素研究 [D]. 内蒙古农业大学，2013：54.

[24] 陶瑞峰，白佳怡. 东北满族民居的文化与演变 [J]. 区域治理，2019，（37）：245-247.

第 2 章

∷

内蒙古地区传统建筑
装饰渊源

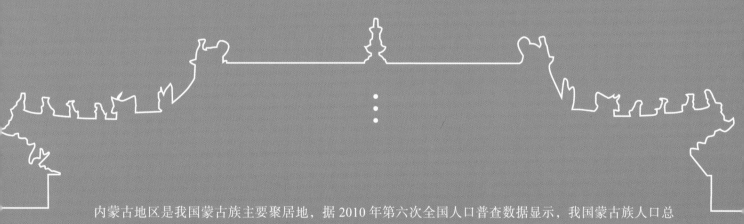

∷

内蒙古地区是我国蒙古族主要聚居地，据 2010 年第六次全国人口普查数据显示，我国蒙古族人口总数约为 650 万，主要分布在内蒙古自治区，这里蒙古族人口数占我国蒙古族人口总数的 70% 以上，全世界蒙古族人口总数的一半以上[1]。在长期的历史发展进程中，内蒙古地区形成了具有显著民族地域特色的草原城镇及乡村聚落，地域性传统建筑装饰形式在整个内蒙古地域建筑体系中具有举足轻重的作用，形成具有地域民族特色的建筑装饰文化景观。探讨内蒙古地区传统建筑装饰历史渊源，需要从蒙古族装饰的起源、发展及建筑装饰发展诸方面开展。

2.1 游牧文明时期的装饰起源

　　大漠南北广阔的草原，是我国北方民族活动、栖息的地方。考古挖掘证实，远在旧石器时代，就有人类活动于此。蒙古族始源于古代望建河（今额尔古纳河）东岸一带，13世纪初，成吉思汗率领的蒙古部统一了栖息在大漠南北草原上的诸多部落，形成了新的民族共同体——蒙古族。因而，蒙古族是蒙古高原文化的集大成者，他们与阿尔泰语系的各民族，与我国历史上的东胡、匈奴、鲜卑、突厥等北方游牧民族，都有着某种程度的渊源与亲缘关系。因此，我们探讨蒙古族装饰的起源问题，需要将研究范围拓展到北方游牧民族的装饰艺术领域。

　　蒙古族装饰的集大成者是蒙古族图案，在民间流传广泛，是最有生命力的美的存在形式，也是蒙古族传统文化的重要组成部分。

2.1.1 敖包文化

　　"敖包"由蒙古语音译而来，意为"堆、孤立的山包"。我们现在看到的敖包多是由大小不等的石块堆积而成的石头堆，在堆顶上插上繁茂的桦树或柳树的枝条，形状有圆锥形或方形，尺寸高矮不等，大小皆有（图2-1、图2-2）。为什么会有这样一种形式出现？在《大清会典事例·理藩院·新疆》中记载：游牧交界之处，无山河以为识别者，以石志，名曰"敖包"。阮葵生在《蒙古吉林风土记》称：垒石象山冢，悬帛以致祷，报赛则植木表，谓之"敖包"，过者无感犯。对于后者的说法被更多地认同——敖包的出现是蒙古族早期"崇山文化"和"崇树文化"意识的结合，是蒙古族原始信仰意识的早期形成。借助文献研究与田野调研了解到，蒙古族的"敖包"文化是早于"博文化"（"博"即蒙古族信仰的萨满教）的更为古老的原始母体文化。

图2-1　草原上的敖包　　　　　　　　　　图2-2　草原上盛大的祭敖包活动

对于"敖包"文化的产生、发展过程可以通过对鄂温克族、鄂伦春族、达斡尔族等北方游牧民族的"敖包"意识形成、发展、演变过程中进行推断：原始社会初级阶段，这些古老的北方游牧民族在大兴安岭原始森林从事狩猎生产过程中，对大自然的各种现象不能把握和正确认识而产生了恐惧和盲目崇拜，把一切不能解释的现象都归结于对大自然的依赖。例如：达斡尔族"敖包"的形成最初是原始狩猎者进山狩猎时，在曾经获取过猎物或遇到过险情的地方，堆砌石头以敬山林，并进行膜拜，求得平安或赏赐猎物。而后来者遇到石头堆成的"敖包"会主动添加石块，进行膜拜，久而久之，形成了群体共祭的"敖包"。蒙古族的原始意识中的崇山崇石、崇拜森林树木的意识形态与北方古老民族的崇山文化有着密切的历史联系，同时又具有本民族特色，形成了蒙古族具有草原特征的敖包文化。在《多桑·蒙古史》史料记述中有这样的描述：忽必来（忽图剌之误，引者注）英勇著名当时，进击蔑儿乞部时，在道中祷于树下，设若胜敌，将以美布饰此树上，后果胜敌，以布饰树，率其士卒，绕树而舞。正是这种对大自然古老的信仰意识，促成了蒙古族"敖包"的形成，同时也是蒙古族历史上最为原始的信仰形式。

在蒙古族"敖包"信仰意识形成与发展过程中，产生了蒙古族自身民族艺术形式的雏形：敖包是一种用石块堆砌而成的圆锥形原始祭坛"形式"，在对其"原型"进行史料考证过程中发现，敖包的形态与我们今天还能见到的鄂温克族、鄂伦春族的"撮罗子"建筑形式极为相似，这一点在内蒙古西部地区阿拉善盟曼德拉山岩画中类似"撮罗子"的建筑画面得到证实。从这一例证分析中我们可以认为"敖包"是蒙古族原始建筑形态之一，同时也是蒙古族建筑艺术的起源。

在进行"敖包"祭祀行为过程中，会在敖包上插上繁茂的柳树枝叶，同时挂上"五颜六色"的彩布条进行装饰，称为"五彩布"。其色彩来源与蒙古族早期的生活环境、生产方式关系密切，同时也是他们对自然的认识与崇拜的体现：蓝色代表天和水，是祭天、祭大河；红色代表火，是祭火；黄色代表土地，是祭山石大地。在这种原始的祭祀行为中，已经显现出蒙古族古老的原始色彩意识。同时会将所崇拜的自然神及动物神绘于白布上，例如天地山川、火、风、雨、雷等自然神及马、牛、羊、骆驼等动物神，并将绘有崇拜神形象的白布做成旗子插在敖包的石堆上，以示敬拜。这样就出现了自然图案形象和动物图案形象。以上都可表明在蒙古族古老的敖包文化发展过程中，出现蒙古族原始的美术活动及色彩意识，形成以原始游牧民族为特征的蒙古族装饰的雏形。

2.1.2 "博"文化

萨满教是北方游牧民族最为古老的原始"巫"教。蒙古族称女萨满为"渥都干"，男萨满为"勃额"，由于女萨满数量逐渐减少，"勃额"逐渐替代"渥都干"，在发音上"勃额"与"博"相同，因此"博"一词成为蒙古族萨满教的专用名词。

据史料记载，萨满教的形成是在母系氏族社会时期，蒙古族萨满教的形成时期应与此相近，从蒙古族崇拜意识形态的发展来看，"博"文化的形成应晚于"敖包文化"形成时期。虽然在历史更迭过程中，蒙古族的宗教信仰发生了变化，但萨满教文化一直延续到今天，在今呼伦贝尔市陈巴尔虎旗完工苏木（乡）巴尔虎蒙古部中有一位八十多岁的女"博"至今仍健在，哲里木科尔沁草原上仍可以找到年轻时当过"博"的老人，这些可证实"博"文化在蒙古族文化中的悠久历史及文化影响。

蒙古族的"博"文化与北方游牧民族所信仰的"萨满教"的原始形态都是多神教，是经过自然崇拜、图腾崇拜和始主崇拜的发展演变过程而形成的宗教信仰模式，对蒙古族生产、生活及民族审美方面产生了重要影响。据《多桑·蒙古史》记载"以木或毡制成偶像，其名曰'翁贡'，悬于帐壁，对之礼拜，食时先以食献，以肉或乳抹其口"。"翁贡"即是蒙古族所崇拜的"神"，有三大类：一是植物（敖包文化的发展与延续），有柳、榆、白桦树等。二是动物，有白海青、鹰、雁、熊、虎、羚羊、马等，起初是以悬挂动物的皮张进行祭拜，后改为削木偶像。三是始主崇拜，蒙古族的始主崇拜经历了动物图腾为始主的过程，这一点在《蒙古秘史》中有记载："孛儿只斤蒙古人把自己的祖先视为苍狼白鹿"。蒙古族进行祭拜的"翁贡"在发展过程中逐渐形成为绘画形象，并绘于丝绸及毛毡上，悬挂在蒙古包内，以供祭拜。这些信仰形象也成为蒙古族传统图案的前身。

除此之外，萨满"巫师"的服饰上出现了大量"蛇"造型的图案样式进行装饰，俄罗斯学者塔波宁在其著作中写道：萨满服的主要特征是全部衣面或大部分衣面上，都挂满了象征蛇的长短不同的辫子，这些辫子用各种花布或锦缎缝成，一般有指头那么粗，少数也有猎枪口那么粗，它们的首端向上缀在萨满服上，缀满了辫形蛇，背上、肩上和袖口上、前胸中央都有，最多的缀饰有1070条。蛇在通古斯语系民族古老的传说中被视为开天辟地的神，是萨满教图腾崇拜的反映，同时也是蒙古族早期装饰图案的原始形态，在发展过程中还出现了带犄角的蛇等多种造型[2]。除此之外，鸟羽、鹰、火焰以及"寿"字等造型在萨满服上都有出现，配以鲜艳的色彩（图2-3）。因此，在蒙古族"博"文化的发展过程中，创造了蒙古族的原始美术，出现了蒙古族早期图案样式，成为蒙古族今天装饰艺术发展的渊源。

图2-3　萨满巫师服饰

2.1.3 岩画

岩画是早期人类记录生活现象、表达内心情感及对世界看法的重要记录方式。在世界各地都有岩画发现，到目前为止，非洲、亚洲、欧洲、大洋洲等五大洲 70 多个国家、150 多个地区分布着大量的岩画。1979~1982 年间，联合国教育科学及文化组织（UNESCO）进行了一项实验性研究数字表明，当时全球共计 77 个国家的 144 个地区（这里所说的岩画分布地区的选择标准是数量要超过 10000 幅，而面积小于 1000 平方千米的地区）均有岩画发现[3]。巨大的岩画图像信息构成了研究人类历史的源泉。

我国是世界上岩画资料较为丰富的国家之一，同时也是最早用文字记录岩画的国家，早在公元前 3 世纪《韩非子》与公元 5 世纪《水经注》等古文献中就有对岩画的记载。岩画的产生早于文字，是使用图像的形式生动记录人类生存数万年的历史画面，同时为后人研究历史提供重要史实。在对现存岩画的作画条件及作画技法分析过后，我们心中必将留有疑惑——当时的作画者，为什么要在坚硬的石头上，经年累月、费时费力地刻制岩画呢？这需要我们从作画者心理需求寻找答案：当时的作画行为是一种巫术活动，通过作画行为施展魔法，去影响社会行为[3]。原始思维认为，愿望与现实是等同的，在画中画一幅狩猎的场景，场景中射中猎物，现实中就会实现。他们将这种期盼付之于神性，作为祭祀和崇拜的对象。因此，岩画的出现与人类的原始崇拜、信仰活动有着紧密的联系。

陈兆复、盖山林先生对我国岩画分布区域进行了详细研究，把黑龙江省、内蒙古自治区、宁夏回族自治区、甘肃省、青海省、新疆维吾尔自治区等省、自治区出现的岩画定为北方岩画，主要分布在东起大兴安岭，西至阿尔泰山，北到杭爱山，南及阴山和贺兰山的中国北方的群山峻岭之中，是我国北方游牧民族历史的再现。

就已发现的岩画遗址来看，阴山岩画在我国北方岩画中无论是数量或是内容都占据重要地位（图 2-4）。盖山林先生将阴山岩画的形成年代分为石器时代、青铜时代至早期铁器时代[4]。阴山地区是北方游牧民族的聚居地，从时间顺序及民族分布情况来看，阴山岩画的出现可以被视为蒙古族文明发展的鉴证。阴山岩画中出现的岩画题材多取于游牧民族的生产、生活场景。其中动物题材的岩画占绝大多数，能够鉴定的动物种类达四十种[5]。其次，狩猎岩画、放牧岩画也占有重要地位，是阴山地区游牧民族生产生活方式及宗教信仰的体现。此外，人物舞蹈、类人面像、星图、原始数码等题材岩画也占有一定数量。岩画中生动的形象、丰富的题材，构成蒙古族图案的雏形，同时也是蒙古族原始艺术的开端。阴山岩画涉猎范围广、数量多、时间跨度大，纵观其特征可归纳在几个范围之内：远古时期的岩画：包括旧石器时代、新石器时代到青铜时代；匈奴风格岩画：与"鄂尔多斯文化"较为接近；突厥风格岩画：与蒙古鄂尔浑河谷阙特勒碑上的山羊图案造型及表现手法接近；蒙古族岩画：有西夏文题铭的动物画，也有蒙古人信仰的翁贡形象。

考古人员在内蒙古境内阿拉善左旗、磴口县、乌拉特中、后旗等处发现了上万幅各个历史时期游牧民族遗留下来的岩画。岩画内容丰富多彩，既有游牧民族狩猎场景，也有以

图2-4 发现于今巴彦淖尔市境内阴山岩画

图2-5 题材丰富的阴山岩画
（图片来源：阿木尔巴图. 蒙古族美术研究
[M]. 沈阳：辽宁民族出版社，1997.）

山羊、马、鹿等当时游牧民族的代表性动物题材图案，还有反映当时衣、食、住、行方面的画面，包括毡帐、磨盘、车轮等。此外，阴山岩画中也出现了极具艺术价值的精美图案，都成为后续装饰艺术发展的重要源泉（图2-5）。

2.2 装饰艺术发展历史演进

早在旧石器时代，蒙古草原地区就有人类活动的遗迹。从历史典籍文献记载分析来看，我国北方游牧民族发轫于蒙古高原东北部。在地理学层面对蒙古高原的阐释为：亚洲东北部高原地区，东起大兴安岭、西至阿尔泰山、北界为萨彦岭、雅布洛诺夫山脉，南界为阴山山脉，面积大约200万平方千米的内陆干旱高原地带，称之为"蒙古高原"。其地理名称的由来史籍上没有固定的说法，在不同时期出现过不同的叫法，如大荒、荒外、朔漠、瀚海等，实则都指同一地区。近代以来，这一区域活动的主体民族以蒙古族为主，因此命名"蒙古高原"。公元前3世纪末，匈奴统治了大漠南北，把游牧在这里的不同部族统一为匈奴族。公元1世纪，匈奴分裂为南北两个部族，北匈奴西迁，南匈奴入塞，此时鲜卑族主宰蒙古草原，柔然先后兴起。公元6世纪，突厥政权控制了漠北。大草原上统治者的更迭，使得草原上游牧民族的称号屡次发生变化。此时的蒙古族也是北方大漠众多游牧民族中的一支，在经历了与匈奴、鲜卑、突厥等民族的融合、分裂后，直到公元10世纪，蒙古族以一支强大的民族出现在历史舞台，并且分支出乞颜部、扎答兰部、泰赤乌部等部落，在今鄂嫩河、克鲁伦河、土拉河上源和肯特山以东一带游牧。
12 世纪，蒙古部统一了草原各游牧部落，"蒙古"一词成为统一后民族共同体的名称。
我们这里所探讨的"蒙古族"是经过历史发展、民族融合、统一后所形成的蒙古族，因
此，我们探讨内蒙古地区装饰艺术，必然要通过对我国北方游牧民族装饰艺术的历史文
化发展来寻根溯源。

2.2.1　装饰艺术萌生期

1. 旧石器时期

1978 年，在内蒙古呼和浩特大窑村南山发现大量石器，据科学考古认定，这些石器
均为远古时期人类加工而成，这也将蒙古高原的历史追溯到距今 50 万年前的"旧石器时
代"。蒙古高原的猿人生活在离现在五六十万年前的时代。猿人在对自然界的生死搏斗中，
大体学会两种本领：一是学会利用外界自然物制作石器；二是利用自然火种。"劳动是从
制造工具开始的"[6]，石器的利用，帮助他们把生食变为熟食；帮助他们抵御寒冷；帮助
他们从森林野外而迁到山洞 [7]。

1922 年蒙古人汪楚克在今内蒙古河套地区发现了早期人类文化遗址，也就是我们今
天所认为的"河套文化"遗址，从发现的遗址来看，"河套人"有了明显的进化，通过对
人顶骨和股骨化石比较，"河套人"的体质特征已经明显出现了蒙古人种特征。吴新智在
《山顶洞人的种族问题》中提到：我们完全有理由相信山顶洞人是原始的蒙古人种。这一
点在对"河套人"和"山顶洞人"进行比较中得到证实 [8]。

在人类社会进化早期，与生产、生活相伴随出现了无意识的早期"艺术"。内蒙古阿
拉善右旗东北雅布赖山中的岩穴里发现了三十九个岩画手印，据考古学家测定，为距今
三万年前的旧石器时代文化。岩画手印有红、黑两种，均为阴形手印，判断是原始人将手
掌压于石面，利用鸟骨或其他管状物将赭石粉向手掌吹喷而成。在后续的考古中，发现了
大量的手印岩画。在贝加尔湖沿岸地区、伊尔库茨克附近和马尔塔及布列兹草地发掘的
两个旧石器时代遗址中，发现了许多刻有女人形象的小雕像，这些小雕像体现出旧石器
时代后期妇女的地位 [9]。在旧石器时代晚期，狩猎是人类生存的重要来源，狩猎工具的
出现，新的早期氏族社会的形成，自然崇拜、图腾崇拜等原始宗教信仰开始萌芽，各种
石器、骨器、陶器相继出现，在发掘的器物上有了早期的装饰纹饰：堆文、方格纹等。
马克思在《资本论》中提到："在人类历史开端的时候，除了已经加工的石块、木片、
骨头和贝壳之外，还有驯养了并由此劳动变化了的动物，当做劳动手段来发生主要的作
用"[10]。这也揭示了蒙古高原原始人类的生存变化，这一时期出现以狩猎、动物、工具
为题材的岩画。

2．新石器时期

原始人类生产、生活方式的转变促进人类社会的新发展。新石器时期的到来是以原始社会生产工具精细化为标志。新石器时期文化同蒙古高原的人类历史发展密切相关。北方游牧民族的装饰艺术在这个时期开始逐渐清晰起来。

（1）兴隆洼文化

距今 8000 年前，出现了初期农业文化——兴隆洼文化。以今内蒙古赤峰市敖汉旗兴隆洼遗址为中心，分布在西拉木伦河流域，北抵乌尔吉木伦河，南至燕山南麓，东到大兴安岭，西达医巫闾山。遗址中挖掘出的陶器上出现了复合压印纹的装饰图案，其中一件陶器上附有猪首蛇体龙纹图案，龙身有网格纹、条纹、戳点纹，表示遍体有鳞，又以勾连纹布满空白处以作补白，这一形象视为龙的起源时代 [2]。

（2）赵宝沟文化

距今 7000 年前的赵宝沟文化，分布在西拉木伦河以南，南至渤海北岸。这一时期出现以鹿首动物纹和几何压印纹为主要特征的装饰图案，从采集到的遗物上发现有菱形几何纹和神鹿纹的尊形器，貌似鹿首鱼身的神兽图案。原始社会时期，陶器上出现的纹样其装饰功能是次要的，主要是部族共同体在物质文化上的崇拜表现，鹿首鱼身的神兽纹是当时氏族共同体的神化标志，也是作为氏族图腾崇拜的神化对象。在《中国古代北方民族文化史》中对赵宝沟文化时期发现的纹样图案有这样的描述：赵宝沟文化的龙凤纹图案刻画在陶制尊形器上，尊形器的器形做直口、高领、扁圆腹、下腹内收，是当时用为祭祀的祀器。龙凤纹图案刻画在陶尊的腹部，敖汉旗南台地遗址出土 5 件，小山遗址出土 1 件，南台地遗址的龙凤纹图案中有标准的"鹿龙"（图 2-6）。

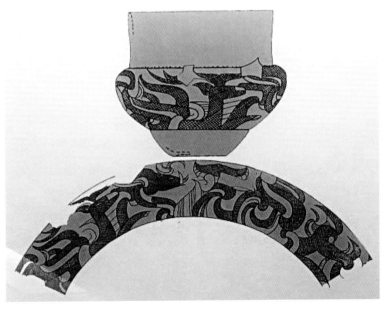

图 2-6　三灵纹尊纹饰

　　赵宝沟文化时期的图案造型生动、丰富。从出土的双鹿龙纹陶尊上看到：两个鹿龙绕器物一周；头部做昂首多支鹿角，抿着嘴，睁着眼，身部作飞驰挺进状。类似对器物上图案造型及题材的描述在很多文献中可见，说明这一时期的装饰性图案不论是数量还是样式都有了显著的发展。

（3）红山文化

　　红山文化是我国北方地区的新石器文化时期，因首次发现于内蒙古自治区赤峰市红山区而得名。主要分布在辽宁省西部、内蒙古东南部、河北省北部与吉林省西北部相连接的地方，内蒙古赤峰市和辽宁省的朝阳市两地区域最为集中。1971 年，赤峰市博物馆文物普查人员从内蒙古翁牛特旗采集到一件墨绿色红山文化玉龙，比中原文化龙图腾要早一千多年，被证实为中华民族古老象征的实体"龙"的第一次出现，进而将红山文化与中华文明起源联系起来（图 2-7）。

图 2-7　"C"字形碧玉龙

　　在对红山文化的考古发掘过程中，发现了大量的石器（打制石器、细石器、磨制石器）、陶器（纹陶、彩陶、红陶）及玉器。石器中以动物和人物塑像居多，还有用于生产劳作的器物。红山文化时期的玉器包括动物玉器，如猪嘴龙、C 形龙、玉龟、玉凤等；祭祀类玉器，如马蹄形器、勾云形玉佩等；人物形玉器，如玉人等。"红山文化玉器多通体光素无纹，动物形象注重整体的形似和局部的神似，丝毫不掺杂额外的装饰"[11]。红山文化中出土的陶器上出现了较多的装饰纹样，其中龙鳞纹、勾连花卉纹和棋盘格纹最具代表性。此外，还有平行斜线纹、菱形方格纹、同心圆纹、变形三角形纹、半圆条形纹、三角涡纹、弧线纹、竖线纹等纹饰[11]。在发掘的红山文化遗址群的多处墙壁上绘有几何状彩色纹样图案，说明在红山文化时期已经出现原始的建筑装饰形式。

2.2.2 装饰艺术文化特征形成期

1. 北方青铜时期

中原地区的青铜时期，始于夏、发展于商、结束于周，青铜时期的出现是社会生产力发展的重要标志。北方草原游牧地区在生产力发展及社会分工方面虽不及中原地区，但在青铜器的冶炼及制作工艺方面已经有了长足发展。这也表明游牧社会的文明发展程度已不亚于中原农耕社会的发展程度。

北方草原游牧地区青铜时期可以从距今3500～4200年前的夏家店下层文化开始，经历了夏家店上层文化时期。这一时期的北方游牧民族已经有自身文化特色的艺术形式，在装饰艺术方面亦是如此。

（1）夏家店下层文化期

夏家店下层文化时期是人类社会进入文明时代的早期文化，属于早期的青铜文化时期。从发现的石城聚落遗址及大型公共墓地遗址中可以看出夏家店下层文化时期已经出现层次分明的社会结构及严格的等级制度，在装饰艺术方面也表现出明显的特征。

在今内蒙古赤峰市敖汉旗大甸子墓地遗址中发现了大量彩绘陶器，这一时期的彩陶上已经出现了极其丰富的装饰图案：图案类型有饕餮纹、虎纹、回纹、云纹、蛇纹、鸟纹、蛇雁纹、植物花卉纹、犄纹、鱼纹等；图案的组合形式也更为丰富、多变，将图案进行同一方向的连续排列、进行纵横两个方向的连续排列、将图案适合陶器造型而进行的形态适合排列以及尊重图案本身而单独出现的形态样式等在这一时期出土文物中比比皆是（图2-8、图2-9）。

图2-8 夏家店下层文化彩绘陶鬲　　　图2-9 夏家店下层文化彩绘纹样

从这一时期出土陶器上装饰图案的题材、排列方式中可以看出此时的装饰是有意识的行为：装饰图案的题材与陶器本身的用途十分吻合，显示出明显的等级特征；图案的排列方式依据器皿的形态发生变化，使图案与陶器有很好的融合；图案在线条应用上变化多样，形成突出的视觉对比。

总之，夏家店下层文化时期形成的装饰样式特征可以总结为：装饰图案题材更为丰富，动物、植物、生活场景及图腾信仰等题材图案都以较为娴熟的手法表现出来；图案与陶器造型相结合，达到统一的效果。可以说游牧民族装饰图案由此开端。

（2）夏家店上层文化

距今 2800 年前出现的夏家店上层文化，是分布于燕山以北西拉木伦河、老哈河及大小凌河流域的青铜文化时期。在发掘的遗址中除有大量的陶器和石器工具之外，铜制品数量显著增加，是继夏家店下层彩陶艺术之后出现的青铜文化艺术时期。这一时期的装饰图案纹样种类繁多、题材各异、构成形式灵活。在内蒙古宁城南山根石墓出土的铜环上刻有双人骑马追兔的场景。宁城南山根 102 号石墓出土的骨牌饰，上面刻有人物、狩猎动物及车马图形，画面具体、生动地描绘出当时的社会生活场景，是一幅难得的民俗画。夏家店上层文化时期的青铜器上大量出现了以"蛇"为主题的装饰图案，宁城南山根 101 号石墓出土的青铜短剑的柄首装饰"三蛇纠结"装饰图案，宁城梁家管子墓葬出土的铜饰由双头蛇构成，这与北方游牧民族古老的图腾崇拜有着重要的渊源。此外，鸟形在夏家店上层文化装饰图案中也反复出现，造型奇特。这一时期出现的装饰样式丰富，数量庞大，主要装饰艺术特征总结如下：

第一，纹样题材多样化。通过对出土文物中出现众多装饰纹样的样式分析中可以发现，这一时期的装饰纹样题材更为丰富，有描述生活场景的骑射场面、狩猎场面的图案，有反映当时崇拜、信仰的蛇、鸟、阴阳人形象的宗教图案，同时还有大量美化生活的植物纹样。

第二，出现了组合式装饰纹样。在装饰纹样的造型及相互构成处理手法上，出现了将不同样式、类型纹样组合，形成新的纹样样式的处理手法。

第三，注重纹样的构成形式。装饰纹样及图案的构图手法在这一时期呈现出较大发展及显著特征。一方面，图案造型注重与青铜器皿造型的协调，不仅增加了图案的装饰性，同时也凸显出青铜器的饱满及华丽；其次，在图案的构成形式上使用对自然物象的简化、抽象、概括的造型手法；另外，出现平面绘画线条的阴刻和立体浮雕的图案纹样构成形式。

夏家店上层文化时期的装饰艺术是在前期装饰艺术形式基础上的集大成者，生动地体现出北方游牧民族的卓越智慧及审美观念。这一时期所出现的装饰图案可以真正认为是"纹饰逐渐图案化"发展的重要阶段 [2]。

2. 匈奴时期

通过史料记载分析，将商周时期的北方青铜文化时期统称为"匈奴"，王国维《鬼方昆夷猃狁考》[1] 通过对甲骨文、金文的研究，运用音韵、考据等传统史学方法把匈奴的组

---

[1]　收录于《观堂集林》中华书局，1959 年版。

成系统进行了研究，认为商朝时的鬼方、混夷、獯鬻，周朝时的猃狁，春秋时的戎、狄，战国时的胡，都是匈奴的组成。可以细分为商至春秋时期、战国时期、两汉时期。对匈奴起源地的探讨主要集中在蒙古和外贝加尔地区石板墓文化与北方鄂尔多斯周围地区。

匈奴文化在继承了前期文化的基础上出现更加繁荣的景象，手工业更加发达，种类繁多。土、木、石、铁、金、铜等材料都在手工业加工中有所应用，并且呈现出精巧、实用、美观的特点。

匈奴时期正是北方青铜器的形成及发展时期，从青铜文化遗物的考古发掘过程来看，内蒙古鄂尔多斯发现最为著名，因此称为"鄂尔多斯青铜文化"，"鄂尔多斯青铜"是一种使用铜、锡合金制作的器物，造型丰富，是北方游牧民族文化遗产的重要组成部分，也是我们今天系统研究蒙古族装饰图案的重要支撑。鄂尔多斯青铜器在时间延续上经历了从商代到汉代的发展时期，在春秋时期最为完整，并且形成了鲜明的特征。在桃红巴拉和毛庄沟的考古发掘中，发现了具有代表性的短剑和铜刀，其造型与前个时期发掘相较，改变了造型单一的形态特征，在短剑和铜刀的柄部使用了多变的装饰花纹，同时装饰品的种类丰富起来：胡兽头饰、双珠兽头饰、铜扣、铜饰牌等都已出现。饰物以动物造型居多，题材有反映游牧生活的动物形象：马、牛、羊、鹿，有体现宗教信仰与图腾崇拜的动物形象：蛇、狼、虎、鹰、鸟等，其中描绘自然界强食弱肉景象题材的动物纹饰牌的历史意义突出，凉城崞县窑子出土的两件猛虎撕咬山羊的饰牌，形象生动，代表鄂尔多斯青铜器造型中出现了不同动物组合的装饰形式，相继出土的还有虎与牛、虎与鹿、鹿与野猪、虎与鹰（鸟）、虎与马、虎与兽、兽与兽、豹与鹿等动物组合装饰造型，应用位移、抽象、重叠、错位等表现手法，装饰形态生动（图2-10）。

图2-10　鄂尔多斯青铜器
（图片来源：阿木尔巴图．蒙古族美术研究[M]．沈阳：辽宁民族出版社，1997）

2.2.3　装饰艺术多元文化交融期

1. 魏晋南北朝时期

公元220～589年，是中国历史上魏晋南北朝时期，这个时期是历史上一次民族迁移和融合的时期，加速了各民族的文化交融。魏晋南北朝时期北方游牧民族装饰艺术一方面继承前人的优秀成果，继续向前发展；另一方面则是受到中原地区主流文化的影响，出现与佛教相关的装饰艺术形式。其中佛教题材与植物题材纹样发展较为突出，例如北魏时期出现的莲花火焰、龙凤、四灵、云纹卷草、忍冬纹、缠枝植物图案等，既有随佛教东渐而来的图案类型，也有中原地区广泛应用的佛教题材图案，此外，龙、凤、缠枝植物纹样我们在夏家店文化时期已看到，在这一时期有了进一步的发展。

魏晋南北朝时期石窟艺术兴盛。石窟艺术，简单来讲即是佛教艺术。敦煌莫高窟所在地是历史上匈奴等民族的游牧地区，公元 366 年开始兴建。现有洞窟 492 个，北魏石窟 31 个。窟内壁画中既有反映佛教内容的伎乐飞天、千佛、伏羲女娲等，也有不少是反映北方游牧民族生活及自然场景的画面，如农耕、狩猎、捕鱼、屠宰、驯马、井饮、舟渡、修塔、治病、射靶、奏乐、舞蹈、商旅等内容，这些画面生动地刻画出北方游牧民族文化与中原文化相互交织的景象（图 2-11）。

图 2-11　敦煌莫高窟内天花藻井
（图片来源：常沙娜. 中国敦煌历代装饰图案 [M]. 北京：清华大学出版社，2009.）

2．突厥与回鹘时期

早年游牧于阿尔泰山麓的突厥人，崛起于公元 6 世纪中叶。历史文献中称突厥之先民为狄、丁零、敕勒或高车，岑仲勉先生认为"突厥为现在突厥族中之一系"[12]。突厥人将狼作为自己民族的精神图腾。回鹘人实际上是突厥人的分支，这一点可以从早期称回纥为回鹘人❶，共同使用突厥卢尼文看出二者之间的联系[12]。自北朝末期开始，一直活跃在我国北方草原地区，历经隋、唐、五代、宋、西辽及元。这一时期的装饰艺术已经有了突出的发展，主要表现出外来文化兼容并蓄，本土文化多样发展的特征，在装饰形式上面也有所体现，就装饰艺术方面，既有欧亚大陆东方传统纹样如：鹿纹、龙纹、虎纹、鸳鸯纹、牡丹花纹、莲花纹，也有来自诸多域外的装饰纹样：忍冬藤纹、葡萄纹、折枝纹、缠枝纹、

---

❶ 唐德宗贞元四年，即公元 788 年改为回鹘。

团花纹等，还出现了西域人像图案。同时装饰形式更加复杂，注重多种纹样的组合单配。

3. 契丹时期

契丹属东胡族系，是鲜卑族的一支，公元 4 世纪游牧于横水（今内蒙古赤峰市境内的西拉木伦河）、土河（今内蒙古赤峰市境内的老哈河）一带。契丹族早年臣服于漠北的突厥汗国，公元 907 年，契丹人建立辽。

辽时期的艺术发展中可以看到唐文化对其重要影响，呈现出装饰造型气势雄浑的风格特征，做工精细的唐三彩在北方草原上演变为"辽三彩"，以鸡冠壶较为典型，富有契丹民族风格（图 2-12、图 2-13）。

图 2-12 （辽）白釉绿彩鸡冠壶　　图 2-13 辽三彩

辽代在装饰艺术方面不但继承发扬前人成果，又有其自身发展领域。辽时期历届君主均信奉佛教，因此广建佛塔，后人称之"辽塔"，辽塔中的装饰样式精美，题材丰富，对建筑装饰的发展具有重要意义。较为著名的是辽代南塔与北塔，位于今内蒙古赤峰境内的辽代南塔，为八角密檐式建筑，高 25 米，下层嵌有优美的石刻造像（图 2-14）；辽北塔，为六角密檐式建筑，塔身浮雕造像（图 2-15）；位于赤峰巴林右旗的辽庆州白塔（图 2-16），塔身为八角七层楼阁式，塔高 50 米，塔身外部全仿木结构，每层由柱、斗拱和檐三部分组成，每层正面拱门上刻有缠枝花纹，门两侧刻有天王、力士像装饰图案，斗拱旁之泥道拱内均嵌有各种花纹砖雕，第一层侧面当心上部为浮雕飞天及花果盘装饰，下部为狮子造型，末间砌出经幢座，密檐式三层，幢上无纹饰，上部砌有砖雕飞天及窗檐。第二层至第七层侧面刻有飞天及供盘等纹饰；万部华严经塔，俗称白塔，位于今内蒙古呼和浩特市东 20 千米，塔身为楼阁式砖塔，八角七层，全高约 37 米，塔基座分底莲、束腰斗栱、半座栏杆及仰莲瓣等部分，平座栏杆为上下两层，刻有缠枝牡丹及宝相花等花草纹及卍字纹。辽代装饰艺术形式中将装饰纹样系统应用到建筑装饰内容中，对后续建筑装饰的发展意义重大（图 2-17～图 2-19）。

图 2-14　（辽）北塔

图 2-15　（辽）南塔

图 2-16　（辽）白塔

图 2-17　辽代装饰砖

图 2-18　辽塔装饰

图 2-19　辽代瓦当纹样

2.2.4 装饰艺术繁荣期

蒙古草原各部进入 12 世纪以后，社会情况发生了很大的变化。成吉思汗率领各部，经过 16 年的征战，把蒙古草原各部统一起来。公元 1206 年，建立了封建的蒙古汗国，当时蒙古汗国控制了东至兴安岭、南以金朝为邻、西括阿尔泰山、北至贝加尔湖地区的广阔草原。蒙古各部的统一，封建制度的形成，推动了社会生产力的向前发展。公元 1271 年，忽必烈建立元朝，是我国历史上一次规模空前的大一统。早在元朝以前，先民诸国就创造了具有草原特色的民族文化，蒙古武力征服诸国的同时，开放包容的草原气概使他们广泛接纳各方文化，在装饰艺术方面呈现出：一方面继承先民的文化传统，另一方面吸收来自中原汉文化及西方文化，促使中原文化、草原文化、边疆各少数民族文化、印度与西藏的佛教文化等在元代得到交流、融合和发展，形成了装饰艺术的繁荣发展时期。

元代蒙古族在壁画艺术、石窟艺术、工艺美术等方面都有显著成就。蒙古族对石窟艺术的发展具有积极贡献，同时石窟艺术也反映出元代的艺术发展水平。敦煌石窟中有 9 个石窟寺是元朝先后开凿，石窟寺内壁画及雕塑，具有浓厚的民族色彩，其中 61 窟的"炽盛光佛"形象及服饰与蒙古人特征相仿，465 窟是典型的藏密壁画，以"说法图"为主，应用藏传佛教曼陀罗形式进行室内布局，四壁绘制藏传佛教题材壁画，整体色彩以青色为主，是蒙古族色彩喜好的体现。元代壁画、石窟的艺术贡献还包括在建筑装饰艺术方面的发展，今内蒙古赤峰市境内三眼井公社发现的元代墓室壁画中留有楼阁建筑画迹，可以看到建筑券顶装饰有花型植物图案，穹隆顶上四角饰有展翅的凤凰造型。元代在榆林（今万佛峡）地区石窟壁画中也可看到富有装饰的建筑形式。

这里，我们想以元上都为例，对元代建筑装饰的发展水平进行详细论述，一方面，元代将蒙古民族文化推向了全世界，这一时期，蒙古族文化在吸收北方游牧民族文化的基础上，融合了中原文化以及西方外来文化，可以说，将北方游牧民族的文化发扬光大，那么，在装饰艺术领域的发展水平又是怎样呢？另一方面，元代以前，游牧于蒙古草原各部族虽在历史更迭过程中，也建立了统治政权，但都未真正脱离游牧民族生活、生产方式，在建筑艺术方面也始终以毡帐类建筑为依托，元代作为分水岭，真正将蒙古族的建筑装饰艺术以固定建筑的形式呈现在今人面前。

元上都是由元太祖成吉思汗之孙忽必烈（1215～1294 年）于公元 13 世纪中叶在中国北方草原上建立的都城，是世界历史上十分著名的元朝的夏都，它与元大都（今北京）共同构成中国元朝的两大首都。元上都是蒙古人建立在漠南草原上的第一座都城，元人称元上都是"圣上龙飞之地，天下视为根本"（见《元文类》卷六五）。元上都北依龙岗，南濒滦水，"四山拱卫，佳气葱郁"（见王恽《中堂事记》）的形胜之地，又名"金莲川"。元上都城垣、宫殿建筑既体现了中原汉地传统建筑风貌，又有蒙古族游牧生活特色。在城垣布局上，元上都城平面呈正方形，由宫城、皇城和外城组成，城内有宫殿、衙署、寺院、亭阁、园林等，基本按照中原地区皇城建筑布局与功能进行布局，城外则分布着居民，搭设有大小各异的毡帐，是元上都建筑文化中草原文化的体现，因此元上都也被誉为第一座草原都城。

元上都往日的辉煌我们已不能通过实物进行考证，但众多行者详细记录了元上都的历史，为我们今天研究元上都提供了重要参考。针对元上都的建筑艺术成就，在波兹德涅耶夫著《蒙古及蒙古人》中，有这样的描述：在石质建筑装饰里，有石材装饰图文，其中又分为莲瓣纹系、花唐草纹系等种类。在外城乾元寺遗址发现的石质狮子头，雕刻十分精细，造型美观。在华严寺遗址发现的石刻螭首、龟趺，反映了元代建筑工艺水平。在遗址中发现最多的是瓦片，瓦的颜色有青釉、绿釉、黄釉等种类。瓦当上绘有龙、鸟、兽面等图案，手法雄劲有力。尤为引人注目的是鸱尾和装饰瓦片，由此可以推想上都宫殿建筑的华丽、壮观的景象。张郁在《元上都故城》中提到：其瓦有筒瓦、板瓦，正面光素，反面布纹。琉璃瓦有黄、绿、青绿等色，胎色多为赭色，另有屋顶装饰兽头、鸱尾等物。文献描述基本一致。这些装饰内容既体现出元代在建筑装饰艺术方面的极大发展，同时也代表了蒙古族装饰艺术的发展水平。文中描述的内容在今元上都遗址博物馆中部分可见，是宝贵的艺术财富（图 2-20～图 2-22）。

图 2-20　汉白玉螭首

图 2-21　穆青阁琉璃建筑构件

图 2-22　汉白玉雕龙角柱

2.2.5 建筑装饰艺术典型发展期

公元 1368 年，明太祖朱元璋攻占大都，元顺帝退居漠北蒙古草原，元朝至此退出历史舞台。元朝的败亡，对蒙古地区政治、经济、文化艺术诸方面都有重要影响。在文化艺术方面，元朝灭亡，与西藏建立的联系也逐渐中断，藏传佛教在蒙古地区一度消逝，蒙古人原始宗教萨满教依然是蒙古族的主要宗教信仰，直到 15 世纪后期，退居漠北的蒙古人经过一个多世纪的对内、对外战争，在成吉思汗第十五世孙——达延汗时期再度统一，蒙古人又像他们的先辈一样，开始了对外扩张的军事活动。16 世纪中叶，蒙古土默特部在其首领阿勒坦汗的带领下向甘肃、青海地区扩张，在此期间，阿勒坦汗的侄孙呼图克台·彻辰·洪台吉、阿兴喇嘛多次劝说阿勒坦汗皈依藏传佛教，中断二百余年的蒙藏关系也由此恢复 ❶。此后，在阿勒坦汗的大力倡导和扶植下，藏传佛教格鲁派在蒙古地区广泛地传播。蒙古各地广泛兴建寺庙、佛塔，此时出现了许多藏传佛教建筑。我们可以认为，这一时期内蒙古地域的装饰艺术在藏装佛教建筑中的发展最为明显。

这一时期内蒙古地区藏传佛教建筑的建造主要以西藏工匠和蒙古本地工匠共同完成，西藏工匠将藏地佛教建筑技术带到蒙古草原，与当地自然环境、气候条件相适应，同时受到蒙古本地工匠建造经验的影响，出现了一批蒙、藏文化相结合的藏式及蒙藏式召庙建筑。蒙古族装饰艺术在这一时期的召庙建筑中体现较为集中。建筑装饰中绘有民族特色的彩画，题材有鸟兽花木、龙凤卷草图案，还有很多云纹造型装饰纹样，样式精美、工艺精湛。位于今内蒙古包头市的美岱召建于明万历年间，是喇嘛教传入蒙古的重要弘法中心，在美岱召大殿建筑彩画、天花藻井、莲座等装饰中可以看到当时的建造技艺与建筑艺术发展水平。美岱召大殿外檐梁枋上绘有自由舒展的卷草、正反相间的花草，还有八宝、祥云、龙、虎、鸟兽等动物图案，图案色彩施白色，是较为少见的施色案例，与蒙古族尚白民俗相吻合，是民族文化与装饰艺术的结合（图 2-23）。内檐天花藻井绘制"坛城"，形式有正方形、圆形、三角形，绘制纹样和色彩与元代西藏地区萨迦寺内藻井图像相仿，初步判断殿内天花造型仿萨迦寺设计，这一点也更加印证了藏地文化对本地区的直接影响（图 2-24）。位于今内蒙古呼和浩特市的乌素图召庆缘寺，建于明万历年间，庆缘寺建筑别致、内外装饰华丽，是一座典型的汉藏结合式召庙建筑。庆缘寺中建筑彩画题材丰富，应用卷草、云纹、法器、花卉、龙凤、八宝、动物、鸟类、座莲、回纹、宝相等装饰图案进行装饰（图 2-25）。门窗装饰中雕有团龙、蝙蝠、花草及各式几何图案。

❶ 据《三世达赖喇嘛传》《阿勒坦汗传》《蒙古源流》等文献记载：公元 1578 年 5 月 15 日，阿勒坦汗与西藏格鲁派领袖三世达赖喇嘛——索南嘉措（公元 1543 年～1588 年）在青海仰华寺会面。这次具有历史性意义的会晤标志藏传佛教在蒙古范围的再次兴起。

图 2-23 美岱召彩画

图 2-24 美岱召藻井

图 2-25 乌素图召庆缘寺彩画

由此可见，这一时期内蒙古地区装饰艺术一方面继承了魏晋南北朝至元代的装饰形式及题材特征，又呈现出基于历史文化背景的装饰特色以在建筑装饰方面表现突出。

公元 1616 年，努尔哈赤在盛京（今沈阳）即皇位，初称"后金"，1936 年始改国号为"清"。清政府为分化蒙古各部，控制其上层贵族而实行盟旗制度。按八旗组织原则在其原有社会制度基础上编制旗分，以此办法安置蒙古各部。至乾隆三十六年（1771 年），蒙古部众悉数纳入盟旗体制。此后，蒙、满、汉文化交融，蒙古族在装饰艺术方面也受到满、汉民族文化的影响。此外，清政府通过喇嘛教来"柔顺"蒙古部族，加强边疆统一。清人写道："国家宠幸黄僧，并非崇奉黄教以祈福也。抵以蒙古诸部敬信黄教已久，故以神道设教，藉杖其徒，使其诚心归附，以障藩篱，正王制，所谓易其政不易其俗之道也"。为了尽快推广喇嘛教，清政府授掌权的喇嘛拥有与旗长同等的待遇和权力，除此之外，清朝皇帝大力支持在蒙古地区广泛修建寺庙。此时出现的召庙形式与前朝有所不同，建筑形式受到中原汉地建筑形制及文化的影响较为突出，召庙建筑以汉式召庙为主，也有汉藏结合形式。位于今赤峰市翁牛特旗乌丹镇的梵宗寺，建于清乾隆八年（1743年），是一座典型的汉藏结合式召庙建筑。梵宗寺大雄宝殿中建筑装饰极具历史价值，其建筑木构依然保留着部分原始绘制的清代彩画，在对梵宗寺大雄宝殿建筑彩画的分析研究发现，梵宗寺大雄宝殿建筑彩画一方面承袭了清官式彩画做法，另一方面也凸显出内蒙古地域风土彩画形式，是这一时期内蒙古地区建筑装饰艺术的突出贡献（图2-26）。

图2-26　梵宗寺大雄宝殿彩画

　　位于今内蒙古包头市的五当召是清朝时期喇嘛教影响作用较为明显的召庙之一，不论从宗教文化还是建筑装饰艺术方面皆是。五当召藏语语义为"白莲花"，是一处典型藏式召庙，召内最主要的建筑物为苏古沁独宫（殿），装饰精美，极具藏式风格。苏古沁独宫（殿）顶部正中部分装饰有镏金铜法轮，法轮两侧对卧镏金铜鹿，正中饰有金莲花铜塔，两旁各有一小力士铜像，一手挂腰，一手扶护着莲花塔上的锁链，形态逼真、生动。殿宇顶四周耸立高约 2 米宝幢，上铸降魔杵、宝瓶、伞蓝、宝剑等喇嘛教黄教派典型的佛八宝题材图案。此外，殿内四壁绘有佛教壁画，题材以佛教故事为主，同时也绘有蒙古族生活场景及毡帐图像，构图丰富，线条流畅、色彩沉稳，反映出当时内蒙古地区极高的艺术水平。

内蒙古地区现存召庙多数为清代建筑，由此可见清代内蒙古地区装饰艺术在建筑尤以藏传佛教建筑方面的成就显然。

此外，清代各民族杂居也促使内蒙古地区与满族、汉族的频繁交流，蒙古族吸收满汉文化，丰富自己民族的艺术，在客观上形成蒙古族、汉族、满族、藏族各族之间文化艺术大融合，这些因素也促进了本地区装饰艺术的多元化发展趋势。

本章参考文献：

[1] 钢格尔，毛昭辉，王鸣中，骆正庸，孙德钒. 内蒙古自治区经济地理 [M]. 北京：新华出版社，1992.

[2] 鄂·苏日台. 蒙古族美术史 [M]. 呼伦贝尔：内蒙古文化出版社，1997.

[3] 法 埃马努埃尔阿纳蒂. 艺术的起源 [M]. 刘建译. 北京：中国人民大学出版社，2007.

[4] 盖山林. 阴山岩画 [M]. 北京：文物出版社，1986.

[5] 尤玉柱，石金明. 阴山岩画的动物考古研究，见盖山林《阴山岩画》[M]. 北京：文物出版社，1986.

[6] 弗里德里希·恩格斯，卡尔·马克思. 马克思恩格斯选集 [M]. 北京：人民出版社，2012，3：513. 转引自《毡乡春秋》第 29 页.

[7] 陶克涛. 毡乡春秋 [M]. 北京：人民出版社，1987：29.

[8] 吴新智. 山顶洞人的种族问题 [J]. 古脊椎动物与仿人类，1960，（2）：141-149. 转引自冯育柱等，中国少数民族审美意识史纲 [M]. 西宁：青海人民出版社，1994：33.

[9] 苏联科学院，蒙古人民共和国科学委员会合编. 巴根，译. 蒙古人民共和国通史 [M]. 北京：科学出版社，1958：44.

[10] 阿木尔巴图. 蒙古族美术研究 [M]. 沈阳：辽宁民族出版社，1997.

[11] 于明. 中华文明的一源：红山文化 [M]. 北京：中国档案出版社，2002.

[12] 徐英. 中国北方草原游牧民族工艺美术史 [M]. 呼和浩特：内蒙古人民出版社，2015：190，191.

第 3 章

:

建筑装饰题材及特征

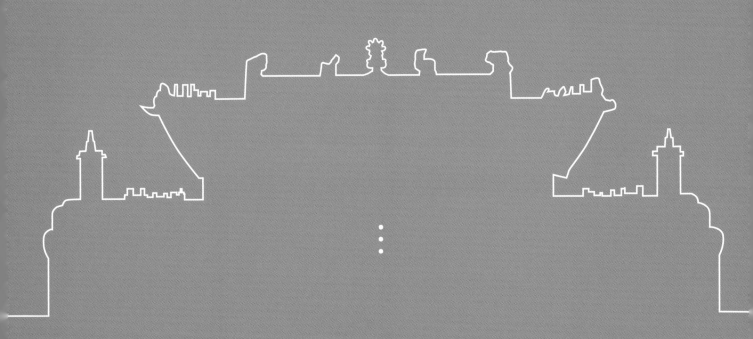

:

3.1 建筑装饰题材

内蒙古地区建筑装饰既有浓厚蒙古民族文化特征的蒙古族图案，也有来自汉族、满族等民族广泛应用的装饰形式，同时还有受到宗教文化影响出现在建筑中的宗教类型装饰形式，进而构成现今内蒙古大地上异彩纷呈的建筑艺术宝库。

蒙古族图案是蒙古族传统文化的重要组成部分，是蒙古族价值观、审美观、行为方式及生活模式的集中体现。蒙古族图案因其特有的文化内涵及装饰特征，在蒙古族的生产生活中被广泛应用，其中与建筑相融合，结合建筑形态、空间、构造、材料，形成了独具民族特色的蒙古族建筑装饰图案，不仅成为蒙古族传统建筑的重要组成部分，同时也是内蒙古地域建筑的识别因素及典型特征（表 3-1）。

蒙古族图案类型　　　　　　　　　　　　　　表 3-1

纹样类别	简介	代表纹样	纹样样式
自然纹样	起源于对天地的敬畏，相信苍天有灵而对自然产生的崇拜之意	以天体纹样、太极图、哈木尔云纹等为代表	
动植物纹样	受到地区环境和生活方式的影响，以草原上的动植物为原型加以不同排列组合的艺术手法的修饰，表达对大草原上所有物种的敬畏与欣赏	牛、羊、马、骆驼、卷草纹、莲花、牡丹、葫芦等为代表	
吉祥纹样	主要受到宗教、民族信仰的影响，展现人们对于自然的崇拜和吉祥如意的向往	以佛教八宝、盘肠纹、宝相花等为代表	
几何纹样	将各类纹样的图案加以几何化加工，使其图案精美、寓意简洁明了	以"卍"字纹、回纹、普斯贺（圆形图案）、哈那纹（渔网纹）等为代表	

（图片来源：阿木尔巴图. 蒙古族图案 [M]. 呼和浩特：内蒙古大学出版社，2005.）

除此之外，在内蒙古大地上生根发芽的其他装饰图案形式，正是蒙古民族兼容并蓄、博采众长的民族品质的鉴证。课题组通过长期实地调研，对内蒙古地域传统建筑装饰样式及装饰图案进行广泛收集，按照图案题材对调研收集的建筑装饰图案进行分类。

3.1.1 动物图案

动物图案是出现较早的装饰图案，史前人类记录生活的岩画中便有动物图案的出现。

动物图案分为两大类，写实动物图案和抽象动物图案，建筑装饰中两种类型动物图案都较为常见。

1. 写实动物图案

写实类动物图案以现实存在的动物作为原型，根据动物实际形象绘制装饰图案样式。这类图案选取的真实动物皆为有美好寓意或有自然崇拜的动物类型（图3-1）。

（1）狮子：据《灯下录》记载，佛祖释迦牟尼降生时，"一手指天，一手指地"，作狮子吼曰："天上地下，唯我独尊"。狮子在建筑中多单独立在大门的两侧，既有镇宅保护辟邪的效用又代表着权威、力量、英雄的象征[1]。

（2）老虎：《风俗通义》中解说老虎为："虎者，阳物，百兽之长也，能执博挫锐，噬食鬼魅"，作为百兽之王的老虎更是代表震慑力，在瓦当中的应用最为常见，主要作用为镇宅[2]。

（3）五畜：在农区指：牛、羊、鸡、猪、犬五种动物，在内蒙古地区五畜特指：牛、马、绵羊、山羊、骆驼。五畜图案在内蒙古地区建筑装饰上应用广泛，牛、马、骆驼常以单独图案形式出现，牛是忠厚认真、吃苦耐劳的象征，马图案体现了勇往直前努力拼搏的精神，骆驼则体现了耐力、坚持的品性。羊图案则是以羊角图案出现较多，羊角作为单独图案常与植物图案结合成新的组合图案，有长寿、富足之意[3]。

（4）蝙蝠：同"福"，是中国传统建筑上最为常见的动物图案，蝙蝠可单独运用也可与其他图案组合运用。倒立的蝙蝠图案体现了"福到、到福"的中国语言文化；双蝠、四蝠、五蝠捧寿、福禄的组合图案体现出人民祈求福气的美好愿望。内蒙古地区民居建筑的门、窗装饰中应用较多。

（5）蝴蝶：民居建筑上常用的装饰图案，蝴蝶因其姿态优美、色彩丰富艳丽而被人喜爱。蝴蝶在中国传统文化中代表了美好的爱情，蝴蝶一生只有一个伴侣，《梁祝》的结局化蝶飞便体现这样的思想。蝴蝶的"蝶"同"耋"，使用蝴蝶装饰建筑时表达了祈愿长寿健康。

图 3-1　写实动物图案

2. 抽象动物图案

抽象动物图案是人们想象出来的、现实并不存在的动物图案形象。抽象图案主要表达人们对未知的夸张与幻想（图 3-2）。

（1）龙：中国古代传说中最神奇的动物，《山海经》中说：夏启、句芒等都"乘雨龙"；《易·坤》记载："龙战于野，其血玄黄"；《左传·昭公十九年》载："郑大水，龙斗于时门之外洧渊"；《竹书纪年》载："黄帝龙轩辕氏龙图出河"。龙在中国古代是皇帝的象征，权力的象征，故中国古建筑只有皇帝的宫殿或皇帝赐予的建筑可用龙图案进行装饰。龙的样式很多，不同朝代的龙爪数也不相同，分为三爪、四爪、五爪。龙图案根据不同的位置有不同形态：坐龙、团龙、行龙、夔龙等。龙图案与卷草图案的结合形成独特的草龙图案，龙图案与云图案的结合形成云龙图案。虽然龙图案造型丰富，但都无一例外体现出建筑的尊贵地位。

（2）凤：中国古代传说中的神鸟，被称为"百鸟之王"。古时讲述凤为雄、凰为雌，二者合称"凤凰"或"凤"。凤在传说中素有"饮必择食，栖必择枝"的说法，姿态高雅华贵、羽毛艳丽，是胜利、祥瑞的代表之物。凤与龙在传说中是配偶，有龙凤呈祥之说，古时只有皇后才能享用凤的图案作为装饰，所以凤图案不光代表了至高无上的权力，也代表对美好纯洁爱情的期许。

（3）麒麟：古代传说中被广泛喜好的一种动物，麒麟所代表的寓意都是正能量的吉祥思想。麒麟被称为"仁兽"，传说麒麟性情温和，没有等级之分，不伤害任何百姓、牲畜，不踩踏任何花草，给百姓带来的都是吉祥好运。麒麟的装饰图案常以组合形式出现，如：麒麟送子、麒麟吐玉书等。

图 3-2　抽象动物图案

（4）神兽：中国古代传说中龙有九子，长子囚牛，次子睚眦，三子嘲风，四子蒲牢，五子狻猊，六子赑屃，七子狴犴，八子负屃，末子螭吻，但在神话中龙并不是只有九子，只是古时九为尊数，取九子更显得龙的尊贵，饕餮、趴蝮、椒图、狴狳也被认为是龙的儿子，因种类较多，在此研究中将龙的变形图案都归为神兽图案。其中椒图性情温顺，不喜他人进入自己的领地，故在建筑上总以椒图装饰大门把手；螭吻喜好四处远眺，属水性动物可吞火，在建筑上用在屋顶装饰起到辟邪防火的震慑作用[4]。

3.1.2　植物图案

植物图案是在内蒙古地区建筑装饰图案中运用非常广泛的一种图案类型。植物作为图案装饰时非常便于运用，既可单独作为主要图案使用，又可配合其他图案做角隅图案或进行画面分割使用。植物图案包含花草图案和果蔬图案两大类，其中花草图案应用范围更广（图3-3）。

1. 花草图案

花草图案在中国古代常被文人雅士推崇，花草图案也被运用在各种载体上进行装饰。不同的花草展现的寓意不同，由于在运用上没有等级限制，便于花草图案的广泛使用。

（1）莲花：古词云："出淤泥而不染，濯清涟而不妖"，莲花自古便是圣洁、美丽的象征，突出洁身自好不与世俗同流合污的高尚品质。莲花除去本身的植物特性凸显圣洁外，佛教对莲花图案的使用，更突出其圣洁高雅，在佛教中传说"佛自莲中来"，观世音菩萨的形象也一直是坐在莲花上，甚至有将佛经称为"莲经"、佛座称为"莲座"的叫法。在建筑装饰中莲花图案运用最多的便是佛教类建筑，应用形式有莲花图案单独应用，以及运用莲瓣进行建筑构件装饰[5]。

（2）卷草：蒙古族传统装饰图案之一，卷草是由忍冬纹样演化而来，因其自由弯曲的形状被蒙古族人民认为是自由、不断生长、繁荣的象征，卷草姿态简单舒展，极易进行变形结合，可以与盘肠图案、哈木尔图案缠绕组合，也可通过自身的曲折演化新的装饰图案，是内蒙古地域文化特色的代表。

（3）栀子花：栀子花在建筑中主要出现在枋构件中。栀子花图案作为装饰图案时经常简化外形，形成简单的四片叶子，这样的简单图形非常适合填充整体装饰的空白处，可分割运用也可整体运用，视觉效果简洁，又不会显得孤立单薄。在栀子花的寓意中有坚强的品格也有对爱情的坚贞，更能表现不动摇的情感，所以栀子花图案用于建筑装饰时并没有太多的限定。

（4）竹：直立生长、不断向上的植物。在古代民居建筑的装饰上常能看到竹子的装饰，郑燮的竹石讲述了竹子坚韧不放弃的品性："咬定青山不放松，立根原在破岩中。千磨万击还坚韧，任尔东西南北风"；《诗经·小雅·斯干》："如竹苞矣，如松茂矣"体现竹子象征兴旺发达、长寿延年的寓意；竹与梅兰菊被称为四君子；与梅松又被称为岁寒三友，一直是被古代文人墨客赞颂的植物，在民居类建筑装饰中应用较多[6]。

（5）旋花：旋花是旋子彩画的主体图案，是一种通过改良演变而成的融合性图案。有说法称旋花图案是依据如意头图案糅合宝相花图案而成，到明代时旋花图案才基本确立成型，颜色大多使用青色、绿色绘制。还有的旋花造型是将莲花、西番莲、石榴花、石榴籽、栀子花、宝相花、牡丹花、如意头等多种图案综合搭配而成。旋花图案是由多种拥有美好寓意的图案结合而成的，故自身寓意也是积极美好的，多见于官式建筑及宗教建筑彩画中[7]。

图 3-3　花草图案

2. 果蔬图案

果蔬图案在内蒙古地区传统建筑中主要用于民居建筑装饰，偶尔在官式建筑中会单独出现，频次并不是很多，在宗教建筑装饰中偶有出现，但在伊斯兰教的清真寺建筑中非常容易看到果蔬图案作为装饰绘制在建筑上，不同类型的建筑对装饰图案的选择性在果蔬图案上有明显的体现（图 3-4）。

（1）石榴：民居建筑中极具代表性的装饰图案，石榴外观圆润，色彩鲜艳，内部红润多籽，体现多子多福的美好寓意，在中国古代婚嫁时也有摆放石榴的习俗。石榴作为装饰图案大多运用石榴籽的形象，有单独的石榴籽也有抱团的石榴籽，具体应用多进行变形重组。

（2）桃子：在中国古代传说中就有桃子是神仙食物的故事，神仙食桃而万寿无疆，所以在民间老人过寿时都会准备寿桃，祈祷老人健康长寿。桃子还能表达男女之间美好的爱情，桃形饰品便是表达爱意的信物，现代对爱情的运势也有用"桃花运"表达的说法。此外，桃同"逃"，运用桃子装饰也寓意着逃避灾祸，祈求平安的夙愿。

（3）柿子：柿同"事"预示着事事如意。《尔雅》中讲述柿子有七种好的品性："一寿、二多阴、三无鸟窠，四无虫蛀，五霜叶窠玩，六嘉实可啖，七落叶肥大可以临书"。柿子作为装饰图案既有运用完整的柿子形状表示如意的祈愿，也有将柿子分解单独运用柿子蒂作为装饰图案，运用方法类似于花草图案，可单独使用也可与其他图形组合变形。

（4）葡萄：与石榴寓意相似，表达多子多福、子孙满堂的美好寓意。葡萄是成串长成的水果，种下一粒种子可以收获无数的果实，因此也表达对财运的渴求。在装饰图案中葡萄多以成串的形式出现，并不进行拆分，内蒙古地区民居建筑装饰中应用较多。

（5）白菜：白菜同"百财"，象征着可以发财、引财、聚集财富，白菜的形态是一层包裹着一层生长，因此民间也有包发财的说法，根据白菜的色彩，民间也有解释为白菜是象征着两袖清风。建筑上运用白菜图案寓意主要为求得财富，图案一般不拆分，以完整形态出现，多用在民居建筑装饰中。

图 3-4　果蔬图案

3.1.3　吉祥图案

对图案的使用多根据图案的寓意进行选择，除去传统的动植物图案，在历史发展过程中还融合创造了极多富有中国传统文化寓意的吉祥图案，这些吉祥图案依据自身美好寓意广受欢迎，在造型上具有固定的模式，可直接做装饰使用。

1. 传统吉祥图案

传统吉祥图案是由人民生活中常见的基础图形演化创造而成，这类图案造型简单，寓意明了，对建筑类型没有明确适用要求，应用广泛（图 3-5）。

（1）文字图案：文字图案包含的种类数量较多，在建筑上用来装饰的文字分为两大类：①单独文字图案；②组合文字图案。单独文字图案最常见的便是福、禄、寿、囍等，将每个字体进行艺术手法的加工而形成新的字体样式，加工后的图案不再有纯字体的生硬之感，而是像图案一样给观者明显印象的同时又能看出字体本身的内涵。蒙古族特有的装饰图案兰萨纹，其寓意与寿字图案相同，表达祈求生命不息，长寿安康的美好愿望。组合文字图案指一段文字或一组文字，如在宗教建筑中，会运用一段佛经作为装饰图案，传达祝福 [2]。

（2）铜钱图案：铜钱作为装饰图案多以本体造型出现在建筑上，最常运用在民居建筑装饰中，百姓用铜钱图案装饰建筑表达求财富、好运的到来，还有将铜钱造型装饰在地面铺装当中，寓意步步来财。

（3）回形图案：是指连续不断的曲折图案，在蒙古语中对回形图案称为"阿鲁哈"，民间也对回形图案有"富贵不断头"的说法。回形图案有运用两个"丁"字正反连续形成图案的，也有运用两个"T"正反交叉组合的，还有用连续不断的回旋线条形成完整图案的样式。所有回形图案都寓意着连绵不断、生生不息、不屈不挠的精神。在建筑装饰中常用回形图案做整个构件装饰的构图分割。

（4）哈木尔图案：又称鼻纹，是蒙古族特有的云纹图案。哈木尔图案是蒙古包装饰的主要图案类型，是蒙古族文化的代表图案之一，图案造型两边对称，极具稳定性。哈木尔图案一方面作为云图案展示了对美好生活的祈愿；另一方面作为牛鼻子造型的艺术美化，突显蒙古族文化中对动物的喜好。哈木尔图案不管运用哪一种解释都不影响它在蒙古族装饰图案中的地位，因此在内蒙古地区，哈木尔图案应用十分广泛，并且成为地域装饰的代表 [8]。

（5）方胜图案：方胜图案分为蒙古族方胜和中原方胜两种图案类型。蒙古族方胜图案同哈木尔图案一样，是蒙古族特有的装饰图案形式。蒙古族方胜图案是指将两个几何图形相互交叠形成的新图案。分为两大类型，蒙语为"哈敦绥格"和"汗宝古"。哈敦绥格是将两个菱形交叠形成新图案，而汗宝古是将两个圆形相叠，蒙古族方胜图案体现的是男女的阴阳两极，表达男女同心，美满婚姻的寓意。中原地区的方胜图案则是两个菱形交叠，表达的内涵主要为"胜"，体现胜利、祥瑞之意 [8]。

图 3-5 吉祥图案

2. 宗教吉祥图案

宗教文化是中国传统文化的重要组成部分，宗教类图案更是文化的衍生产物。在宗教建筑中最常见的装饰图案一定是宗教类图案。宗教图案没有明确限制，有根据实际绘制的写实图案，也有抽象的组合图案，内蒙古地区传统建筑类型中，宗教类建筑数量众多，同时也形成了具有地域特色的宗教类建筑装饰图案（图 3-6）。

（1）卍字：又称万字纹，是古时部落中的符咒，有保佑平安的寓意，常被认为是宗教的象征图形，也有说法称卍表示太阳或火。《十地经论》第十二卷记载：释迦牟尼胸口隐约可看到卍的印记。也有将卍字纹认为是万寿无疆、永恒平安的象征，后期也有解释卍字纹表示坚固、躲避灾祸的含义[1]。

（2）宝杵：写实的宗教图案，是一种宗教法器，宝杵有十字交叉形也有单独的双头杵，形制有独股、三股、五股之分，在建筑上绘制宝杵图案，寓意着斩断不好的思想烦恼，也可以驱灾辟邪。宝杵图案还会与飘带交叠形成组合图案，组合图案充实了单独宝杵的单薄感，使图案造型更加饱满生动。

（3）三宝珠：指三颗宝珠组合而成的图案。三宝珠可以单独成为图案，如：用三颗宝珠排列成山的形状，周边装饰火焰图案，体现热烈向上的感情色彩；也可与其他图案结合，如：将三颗宝珠顺序排列，结合卷草图案，形成三宝珠吉祥草图案，体现追求顺遂安康的寓意。

（4）盘肠纹：又称"吉祥结"，图案以头尾相接，连环往复的形式存在。盘肠纹有直线盘肠与曲线盘肠两种形式，都寓意着连绵不断、长长久久。盘肠纹与中原地区的绳结图案相似也寓意着财富不断、延年益寿、幸福悠长。盘肠纹又因与缠绕的蛇造型相似，在图案寓意上加入了自然动物崇拜的思想。

（5）佛八宝：即佛教的八种法器：法轮、法螺、宝伞、白盖、莲花、宝瓶、金鱼、盘长结。这八种法器是由八种识智演化而成。法轮寓意着不停歇的运转，表达佛度众生的理念，有愿事业蓬勃发展、永不止步的寓意；法螺形象如海螺，以法螺的形象诉说希望教义远播万里，寓意功成名就、声名远扬；宝伞以伞的形状为原型，通过伞面结构遮蔽邪恶，是保护安全守护众生的象征，也代表着至高无上的权力；白盖又称"宝幢"，最初是军旗，佛教中称宝幢是可遮蔽一切魔障之物，也是胜利之物，体现无往不胜获得成功的思想；莲花代表纯洁，体现佛法的圣洁；宝瓶象征佛法也象征着无尽的财富与吉祥，宝瓶是一切美好的源头；金鱼象征自由和谐，寓意着可以看清事实真相获取真实的自由与智慧；盘长结则寓意圆满不断的吉祥。佛教八宝图案在内蒙古地区藏传佛教建筑中非常常见，通常 8 个图案一起出现[9]。

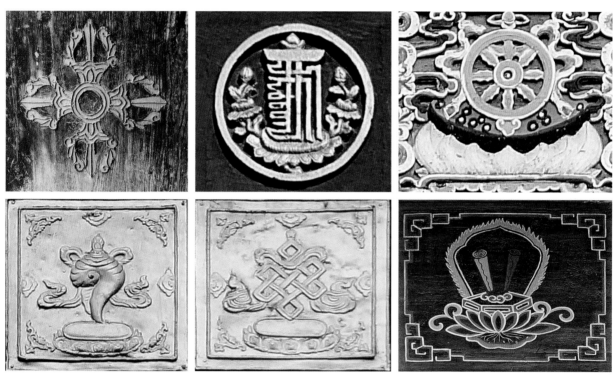

图 3-6　宗教类图案

3.1.4　人物图案

在内蒙古地区传统建筑上很少看到以人物图案为主要内容的装饰形式，这一特征不同于岭南地区建筑装饰中对人物图案的广泛应用。人物造型图案一般只在苏式彩画中可见（图 3-7）。

1. 真实人物

真实人物的运用分为场景人物、定格人物两种。场景人物包含了正在跳舞的人物图案、宴会中人们饮酒作欢的图案、骑马奔驰的人物图案等；定格人物则是人脸图案这类的特写图案。内蒙古地区传统建筑装饰中很少见到以真实人物图案用作建筑装饰的实例。

2．神话传说

故事性的人物图案可从佛教建筑枋构件中找到实例。绘制在枋心的人物图案大多是富有传奇色彩的故事情节，如：孙悟空大闹天宫、师徒求取真经等神话传说。

图 3-7　人物图案

3.2　建筑装饰层级关系

内蒙古地区传统建筑装饰关系庞杂，笔者应用图例将建筑类型、建筑装饰构件、建筑装饰图案之间的相互关系进行说明（图 3-8）。

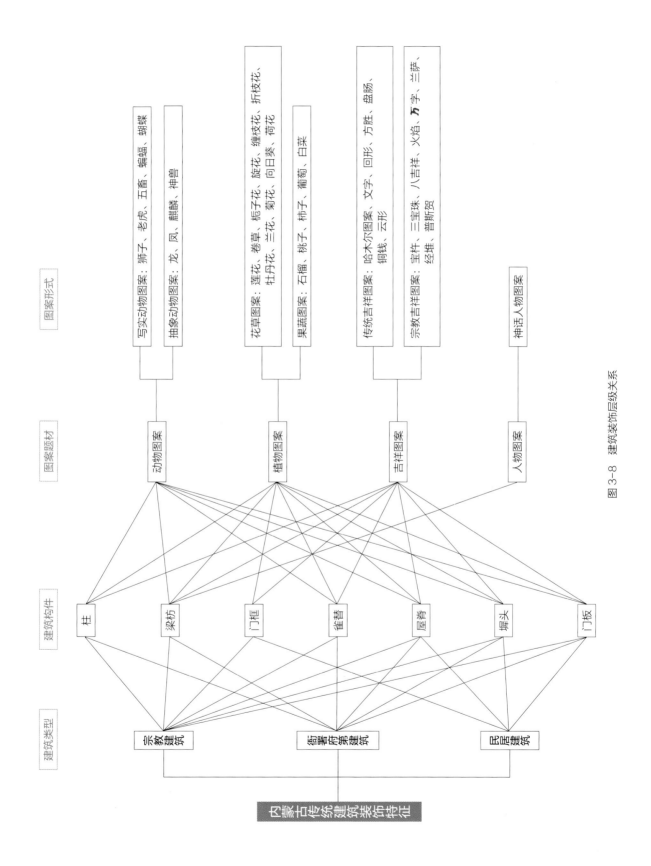

图 3-8　建筑装饰层级关系

3.3 传统建筑装饰特征

3.3.1 民居类建筑

内蒙古自治区地域辽阔，东西跨度大，气候条件和地形地貌多样，民族构成丰富，再加之历史上多次人口迁移等因素，内蒙古地区民居类建筑在建筑平面布局、结构方法、造型和细部特征方面呈现出淳朴自然、风格多样的特色。除此之外，各族人民常把自己的心愿、信仰和审美观念，把自己所最希望、最喜爱的东西，用现实或象征的手法，反映到民居建筑的装饰、色彩和样式中去，导致内蒙古地区的民居建筑呈现出丰富多彩的建筑文化特征。

内蒙古地区的传统民居类建筑包括适合游牧生活的蒙古包、"斜仁柱"等可移动式民居，也包括适合农耕生活的窑洞、砖包土坯房等建筑类型。受人口迁移以及周边近地域文化的影响，内蒙古地区分布有晋风民居、俄罗斯族木刻楞、宁夏式民居等形式。

1.蒙古包

蒙古包是广泛分布于内陆欧亚草原的一种住居类型。各区域的蒙古包除在天窗构造、构件尺寸、覆物材质方面有一定区别之外，其框架结构、平面形态及建筑材料方面基本相似。据古代汉文文献所载，蒙古包是由"穹庐"演变而来，虽在构成方面与同一地域其他类型窝棚、帐幕有一定亲缘性，但据古代文献、画卷所载信息可以断定，穹庐在蒙古族形成之前已基本定型。至于蒙古包这一称谓，常见于清代蒙汉文文献中。"包"为满语，意指"房舍"[10]（图3-9）。

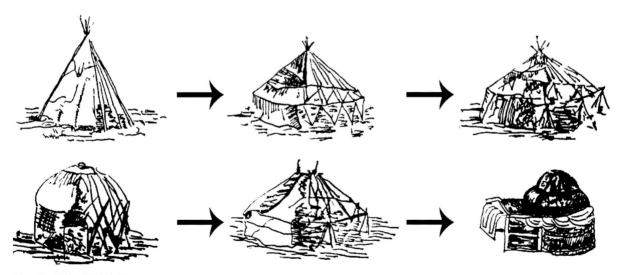

图3-9 蒙古包形态变迁

内蒙古地区的蒙古包主要分布在牧区，其使用程度因地而异。在阿拉善盟至乌兰察布市的内蒙古中西部牧区，蒙古包主要以临时性民居形式存在。因自然气候条件及民居类型的变革，牧民在夏季或在打草、短途游牧时暂住蒙古包，冬季一般将蒙古包拆卸或作为仓库。而在锡林郭勒盟苏尼特、阿巴嘎、乌珠穆沁草原以及呼伦贝尔市巴尔虎草原，蒙古包依然是牧区主要住居类型之一，牧民一年四季都居住于蒙古包[11]（图 3-10、图 3-11）。

图 3-10　牧区放牧季节的蒙古包

图 3-11　正在搭建的蒙古包

封建社会时期，蒙古包的体积、装饰、构件设置会因社会阶层的不同而有明确的区别。清代，王公贵族所居蒙古包需遮盖蓝色的饰顶毡，僧侣所居蒙古包遮盖红色的饰顶毡，而庶民居住的蒙古包则不允许遮盖饰顶毡。蒙古包内部空间依据民族习俗文化被划分为西北、西南、东北、东南、中央五个区位，西半部为男性区位、东半部为女性区位，中央为神圣的火撑区，通常用木格子加以限定。

装饰方面，蒙古包的外部色彩主要为白色、蓝色、红色，一些做工精致的蒙古包还有其他颜色的点缀，但都以白色为主。室外装饰主要集中在围绳、顶饰、底边围子与门窗上，同时兼具装饰与实用的双重功能，例如压绳不但可以捆扎出菱形的吉祥图案同时也将蒙古包捆扎成一个整体，顶饰不但是装饰更是等级的象征，也起到可将蒙古包固定于地面的作用，使其可以抵御草原上的气候变化。蒙古包的装饰与文化内涵都孕育在实用的细部构件中，这正是蒙古族实用主义的象征[12]。

蒙古包室内装饰色彩艳丽，红、白两色为主色调。建筑的结构构件除了哈那墙偶尔用内衬围裹起来，一般都暴露于室内，因此结构构件的色彩与造型对室内的装饰起到决定性作用。在壁面装饰上，蒙古包的围壁、盖毡、围毡和门帘等装饰通常以毛绒编织、缀饰云纹、回纹、如意等蒙古族传统吉祥图案。如今的蒙古包装饰图案更加讲究，门帘多用犄纹、回纹、卷草与寿字组合，蒙古包顶部盖毡多用哈木、盘肠图案，醒目大方、引人注目。传统毡帐的结构构件一般以木质的原色为主，不添加其他任何色彩装饰，地面以白色绣花地毡铺装[13]（图 3-12）。

图 3-12　蒙古包室内装饰与陈设

2．斜仁柱

　　斜仁柱是北方狩猎少数民族鄂伦春族、鄂温克族使用的原始、可移动的居住建筑形式（图 3-13）。由于生产生活方式的变化，斜仁柱已经基本失去原有的功能，现在这种建筑形式主要分布在鄂伦春自治旗和根河敖鲁古雅鄂温克族聚居区的博物馆中，或作为旅游设施存在，在有些鄂伦春族居住的庭院中作为休闲场所。在依然以驯鹿为生的鄂温克族中还会见到斜仁柱（图 3-14）。

　　斜仁柱的外观呈圆锥形，内部空间在夏天时会较大，冬天会小一点，一般而言内部高度可以达到 3 米多，底部圆形的直径为 4 米左右，但也可以依据季节、人口的不同，调整大小。斜仁柱是可移动居所，狩猎民族在游猎迁徙时，只是把外面的围子打包拿走，至于斜仁柱的木杆骨架就弃在原地，因此斜仁柱的外观及内饰相当朴素，基本以实用为主。鄂伦春族信仰萨满教，在斜仁柱内正铺的上方悬挂着桦树皮盒，里面装着神偶，是供神的地方[2]。

图 3-13　桦树皮围裹的斜仁柱　　　　　　　　　　图 3-14　正在搭建的斜仁柱

3．晋风民居

明末清初至 20 世纪初，内蒙古地区经历了三百多年的"走西口"浪潮，在经济、文化等方面为内蒙古地区带来巨大的影响，地处内蒙古中部黄河以北，阴山以南的呼包地区，影响尤为明显。来蒙地的汉地移民以晋、陕移民为主，他们根据自己传统的建造经验，同时与内蒙古地区自然环境、气候条件、民风民俗、生活习惯等进行融合与适应，形成具有晋文化特色的民居建筑形式（图 3-15）。晋风民居植入主体的差异，在内蒙古地区形成不同类型的民居形式，包括：平民百姓建造的生土农宅与旅蒙商人及达官显贵建造的商宅，这些农宅与商宅并无严格的界限，多数农宅采用生土材料建造，条件稍好的则局部加瓦，商宅则营建外熟内生的四合院民居形式。内蒙古呼和浩特、包头地区是晋风民居的主要聚集区，经过内蒙古地域文化融合后的晋风民居，在院落空间、建筑形式、建筑装饰等方面既与晋地民居保持着密切联系，又体现出内蒙古地域特色。

在建筑装饰方面，农宅大都是迁移到内蒙古地区的普通百姓，受经济条件的限制，房屋建造主要考虑经济、实用原则，装饰美观只是在建造过程中进行基础性体现，较少有专门的建筑装饰思考，因此大都没有精美的墀头、复杂的砖雕，呈现出内蒙古地区晋风民居朴素装饰的特征。商宅则大大不同，他们一方面将山西建筑审美带到内蒙古地区，另一方面晋商走南闯北，见多识广，在建筑装饰中也融合了异域风情特色，建筑则用青砖垒墙，屋顶挂瓦。屋瓦大多都是使用青板瓦，正反互扣，檐前装滴水，墀头通过拼砖或砖雕形式装饰，室内装修部分包括制作门窗、油漆彩绘、盘火炕、打仰层、刮腻子、铺地、抹灰等（图 3-16）。

图 3-15　内蒙古西部地区晋风民居

图 3-16　晋风民居装饰样式

4.窑洞式民居

内蒙古地区的窑洞式民居主要分布在内蒙古中西部地区，阴山山脉周边。这一地区的窑洞主要有靠崖式和独立式两种形式，这些窑洞大都是由清代移民到此的山西、陕西汉民建造（图 3-17）。早期的靠崖式窑洞多为土窑，在山体边缘向内挖一个洞口，作为暂时居住的场所，现在大部分土窑已经被废弃。内蒙古呼和浩特市清水河县现存窑洞数量较多，保存完好，并都在居住使用。这一地区的窑洞建筑技术来源于山西的窑洞建造方式，但是根据当地的气候及土质条件，这一地区的靠崖式窑洞逐渐发展成独立式石砌窑洞。窑洞院落的平面沿用山西窑洞合院的形式，依山而建的院落多为不规则的四合院或三合院，院内的主要建筑为正房、厢房和倒座组成，正房一般为 5～7 孔窑洞，主要用来居住，室内设置火炕、灶台等。有的将两孔窑洞用门洞连通起来，形成两间，一间用来居住，另一间则以会客、吃饭功能为主。还有一部分窑采用十字拱形式将房间内部空间扩大，形成一个主体空间和一排附属空间的组合空间。

窑洞装饰主要体现在门、窗格栅方面，多数窑洞尤其是老宅的窗心都由棂条花格组成，其丰富的寓意还传递着吉祥喜庆的意蕴。在窑脸部分常常采用"剁斧石"，并在其上精心錾满直线，然后有规律地摆砌，形成一定的装饰效果（图 3-18）。

图 3-17　内蒙古西部地区土窑

图 3-18　窑洞装饰样式

5．木刻楞

木刻楞是俄罗斯族典型的民居建筑形式，具有冬暖夏凉、结实耐用的优点。内蒙古东北部呼伦贝尔盟的额尔古纳市林和屯、蒙兀室韦苏木和恩和俄罗斯族民族乡等俄罗斯聚居区，至今保存着大量的木刻楞民居建筑形式[11]。木刻楞是用圆木水平叠成承重墙，在墙角相互咬榫，屋顶为悬山双坡的纯木结构房屋，是典型的井干式住宅。传统木刻楞房屋一般不用铁钉，直接选用直径约 20 厘米、比较顺直的落叶松木，通过"木楔"使墙身圆木进行咬合"刻楞"来固定的建筑形式[12]（图 3-19）。

房屋建好后，在外表面刷漆进行装饰。有些人家的门窗帽头和窗台下的横板均做对称的镂空或浮雕图案，门窗洞口的位置装有民族特色的木质装饰框，颜色艳丽，花纹精美。上部房檐、门檐、窗檐则多采用冷色调的蓝、绿、浅绿与原木墙体色调统一，有时则采用蓝、绿，或者白色等亮丽的颜色装饰，因而，木刻楞也被称为彩色立体雕塑。

图 3-19 内蒙古东部地区现存木刻楞

6. 中东铁路沿线民居

中东铁路沿线历史建筑多为沙俄所建，基本上为修建中东铁路人员的住宅、休闲和娱乐场所，属于俄罗斯建筑风格。建筑的整体形式及建筑外部装饰都处理得极其细致。建筑主体色调多以暖色为主，采用淡黄色作为主色，白色作为点缀色，使得建筑的轮廓清晰明了，淡雅精致（图 3-20）。

建筑细部装饰精细，墙体、檐口以及窗上的装饰纹样富有俄罗斯民族特色，这些细部的装饰构件凸出于建筑墙体的外部，增强了建筑的立体感，也使得建筑整体外形变得更为凹凸有致。建筑装饰特点比较突出的是建筑门斗和建筑山墙处的装饰细部处理：木质的门斗是典型的俄罗斯建筑处理方式，不同色彩、不同纹理的木材组合在一起，形成了门斗的精美装饰纹样，使得整个门斗精细别致；建筑山墙处，一般都装饰有凸出的白色装饰条。挑出的木质山花形式也是多样，既有简单的十字形，也有复杂的十字形组合形式。考虑寒冷气候的建筑节能，建筑墙面大都采用实墙，造型简洁厚重；屋檐下四周的木雕刻饰物，不单是美的装饰品，也能兼顾引导雨水的功能[13]。窗台和贴脸上下相对，或利用砌体层层叠砌线脚，或以双层线脚夹砌立式砌体，并在上下两侧中间砌筑凸出墙面的方块线脚，多样的窗户形式使建筑立面更具层次感和韵味[14]。

图 3-20　内蒙古地区现存中东铁路沿线建筑

7．宁夏式民居

内蒙古自治区阿拉善盟位于内蒙古西部，阿拉善左旗西南紧邻甘肃、宁夏河西走廊地区，加之地理环境与气候条件的相似性，使阿拉善左旗民居逐渐形成一种独有的民居形式——宁夏式民居。宁夏式民居一般采用合院式布局，商贾富户的宅院根据需要在进深与跨度有所增加，布局采用中轴对称形式，以院落为空间核心，不同规模的合院有不同的院落数量，最普通的为三合院，房屋围绕院落布置，宅门开在南侧院墙正中，成精致的门楼。正房与宅门正对，是整个宅院中最重要的建筑，其高度一般高于耳房与厢房，正房中间用作起居厅，两侧做主人卧室。由于冬季寒冷，卧室中通常设有火炕。院落东西两侧设厢房，比正房矮些，平屋顶，木框架结构，用于后辈居住或做辅助用房。

建筑装饰方面，宁夏式民居屋顶大多数都采用无瓦平屋顶形式，有的在檐廊部分应用垂花吊柱出挑进行装饰。民居室内外装饰与北京地区民居的一些工艺做法相似，如额枋上精美的雕刻、室内各式门罩的应用等。

3.3.2　宗教类建筑

内蒙古地区宗教类建筑无论数量还是影响，藏传佛教建筑都占有重要的地位，具有突出的地域性特征，同时也是内蒙古地区建筑装饰发展水平的体现，因此，本书主要以藏传佛教建筑为例进行介绍。

受藏传佛教在内蒙古地区广泛传播的影响，分布着数量众多的藏传佛教建筑。进而形成具有鲜明宗教特色的建筑装饰文化特征。从内蒙古地区的地理位置、藏传佛教文化中心以及文化传播特征等因素来看，内蒙古地区属于藏传佛教文化边缘区，属藏传佛教文化特征较弱区域，表现在建筑装饰文化方面，其文化特征较易受到邻近地域文化影响。因此，内蒙古地区藏传佛教建筑除了受到藏传佛教发源地西藏、甘青地区寺庙建筑文化影响外，更有来自周边地区（甘肃、宁夏、陕西、山西、河北、辽宁、吉林、黑龙江等）建筑文化对其产生的直接影响，呈现出明显的近地域性特征。

以内蒙古鄂尔多斯地区藏传佛教建筑为例，鄂尔多斯地处蒙、晋、陕三省交会处，受周边建筑的组织方式、装饰形式与构成形式的影响，鄂尔多斯地区召庙建筑形式及装饰样式呈现出山、陕两地建筑的整体及细部特征：位于鄂尔多斯市准格尔旗的准格尔召的建筑形式为汉藏结合式，但受到山西地区建筑文化影响，建筑山墙处的墀头在上身与盘头连接处采用砖雕进行装饰，梁枋处彩绘为旋子彩画（图3-21、图3-22）。位于鄂尔多斯市乌审旗巴音柴达木苏木的海流图庙，采用山陕地区窑洞的建造形式，在建筑装饰文化景观方面呈现出藏地所没有的新的景观形式，具有明显的近地域性特征。

图3-21　准格尔召大经堂墀头装饰

图 3-22　准格尔召殿内彩画

　　内蒙古地区藏传佛教召庙大都兴建于明、清时期，基于敕建的政治背景因素，内蒙古地区藏传佛教召庙在建造行为方面主要由建造皇家宫廷殿阁的匠人主持建造，同时兼有近地域与当地工匠完成，在建筑形式上呈现出以藏式建筑为蓝本，汉式建造技艺为主体，本地域建造形式为补充的建造行为特征。因此，内蒙古地区藏传佛教召庙既有藏式召庙原型特征，又有内蒙古地域及邻近汉地的建筑文化特征。藏传佛教在内蒙古地区的传播大多是自上而下的传播路径，历史上从蒙元时期的发端、北元时期的再次兴起到清朝的极盛时期，政治因素起到重要推动作用，在召庙形制及装饰景观中体现出政治因素影响下形成的"礼制"行为特征。位于内蒙古呼和浩特市的大召寺大雄宝殿，清崇德五年（1640 年），清太宗命蒙古土默特部重修大召寺，并亲赐寺名"无量寺"，康熙三十六年（1697 年），对大召寺进行扩建，在大召寺大雄宝殿屋顶上覆"礼制"等级极高的黄色琉璃瓦，屋顶正脊正中位置设金色屋脊宝瓶，屋脊两侧设吻兽，此外通过装饰色彩与装饰样式等装饰语言，塑造出典型的"礼制"氛围（图 3-23）。

　　内蒙古地区藏传佛教建筑自存在起就肩负着供奉神佛、举行佛教活动等宗教文化功能，建筑装饰也是为服务于各种佛事活动而通过不同的装饰形式特征来与之相适应。在藏传佛教召庙的平面布局中，形成以大经堂（大雄宝殿）为布局中心的形式，在装饰上通过佛教题材的装饰图案与带有佛教寓意的色彩关系，营造出肃穆，庄重的礼仪氛围。

　　藏传佛教有其自身组织的层级关系，反映了宗教内部组织机构，这种层级组织关系也决定建筑在整体寺庙中的空间位置，构成装饰文化的空间布局形式。内蒙古地区汉式及汉藏结合式召庙灵活应用了"伽蓝七堂制"空间布局形式，遵循"中轴线布局中建筑的等级关系"。位于内蒙古呼和浩特市的席力图召，建筑空间布局以牌坊—天王殿—菩提过殿—

图 3-23　呼和浩特市大召寺建筑装饰

大经堂—九间楼为中轴线，两侧对称排列钟楼、鼓楼、西厢房、东厢房，西碑亭、东碑亭，西配殿、东配殿等建筑，在建筑造型与装饰上采用中轴对称的手法，装饰种类与构成形式在空间关系上以中轴线为中心，由外到内的装饰规格与繁复程度都与建筑规制相一致。

　　除此之外，该地区仍有部分召庙采用藏式格鲁派寺庙布局形式，同时结合地形特征，建筑布局佛礼规制清晰，以内蒙古包头市五当召最具代表性。五当召系章嘉活佛属庙，是内蒙古地区典型的藏式召庙，以西藏扎什伦布寺为建筑蓝本，召庙内殿宇全部采用藏式风格。五当召整体建筑依吉忽伦图山而建，平面布局依山地走势及建筑形制，进行组团布置。建筑平面布局中建筑的空间关系在建筑装饰方面具有清晰表现，处于山顶平缓中心位置的洞阔尔殿建筑形制最高、单体体量最大、装饰等级最高也最最丰富，随着离中心距离渐远，其他建筑的形制、体量及装饰也逐渐减弱。

　　此外，内蒙古地区藏传佛教建筑形式（藏式、汉藏结合式、汉式）的差异，在建筑结构方面也有较大的不同，相应出现基于不同结构的装饰形式。以柱饰为例：藏式建筑中柱由柱础、柱身、柱头、栌斗及托木组成，柱础多为石质，刻有莲花瓣图案，柱身呈多角形，上面彩绘或浮雕莲花瓣及垂铃式图案，托木中央雕绘佛像或梵文，两端雕绘适合于托木形态的云纹变形纹样，藏式特征明显；汉式召庙殿堂中的柱饰样式基本照搬汉式样式，装饰较藏式简单，柱身以圆形为主，饰红色，大部分没有装饰，少数柱身雕饰蟠龙，檐柱上使用斗栱，其余柱头与梁枋衔接，在装饰上多数较为简单，个别出现动物图案造型（表3-2）。

不同建筑类型装饰形式　　　　　　　　　　　　表 3-2

类型	代表召庙	柱饰	类型	代表召庙	柱饰
藏式柱饰	五当召 内蒙古包头市		汉式柱饰	汇宗寺 内蒙古锡林郭勒盟	
	席力图召 内蒙古呼和浩特市			梵宗寺 内蒙古赤峰市	

3.3.3　衙署类建筑

内蒙古地区现保存较完好的衙署类建筑均为清代所建。清王朝入关之前，为了加强对蒙古地区的统治，以下嫁公主和赐封王公等方式笼络蒙古贵族，在蒙古地区为地位较高的蒙古贵族建造府邸，为下嫁公主建造公主府。据史料记载，清代蒙古地区建有蒙古王府 48 座。清朝历史下嫁蒙古公主 400 余人，但只为地位最高的公主建造府邸，因此公主府邸数量很少，较为有名的是位于今呼和浩特市的公主府，是康熙皇帝为其第六女和硕恪靖公主所建。除此之外，清政府为了巩固边疆地区安宁，在蒙古地区建造衙署建筑，以呼和浩特市将军衙署为代表。

虽在内蒙古地区，但这些衙署府第类建筑的建造形制严格依照《大清会典》等典章律例进行，将清政府的"礼"制观念通过建筑形式移植到塞外。建筑布局多采用中轴对称的院落布局形式，整体建筑风格朴实，形式严谨，主要建筑屋顶采用硬山屋顶，次要建筑多用卷棚硬山屋顶形式。衙署类建筑按照前堂后寝、装饰左右对称进行布局，兼有办公与居住功能。

建筑装饰方面，内蒙古地区衙署府第类建筑大都采用砖木混合结构，因此在建筑色彩方面具有"青砖红柱彩装饰"的色彩特征。建筑墙体采用青砖一顺一丁精砌，工艺做法精细、规范。屋顶多为硬山屋顶，正脊处装饰较少，鸱吻形象生动，灰色筒瓦覆顶，滴水装饰丰富，刻有各式题材装饰纹样。主体建筑墀头部位装饰精美，以砖雕形式居多，雕饰各样植物纹饰。屋面部分饰红柱，梁枋施以彩画，以清代旋子彩画居多，也有地域民族特色的纹样在彩画中出现。门窗饰红色，窗格栅造型多样，具有极强的装饰性，有些衙署建筑装饰中出现了藏传佛教题材的装饰元素，例如天花上出现佛八宝图案，梁枋彩画中出现六字真言装饰等，体现出清朝时期内蒙古地区宗教信仰特征（图 3-24）。

从现存建筑来看，大部分衙署府第类建筑装饰符合形制规定，但部分建于晚清时期的建筑，受民族地域文化影响，建筑风格呈现出多样化，尤其在居住部分，出现了西式建筑风格与元素（图 3-25）。

图 3-24
（清）和硕恪靖公主府

图 3-25
和硕特亲王府

本章参考文献：

[1] 古月. 中国传统图案图鉴 [M]. 北京：清华大学出版社，2009.

[2] 田自秉，吴淑生，田青. 中国纹样史 [M]. 北京：高等教育出版社，2003：122.

[3] 敖仁其. 草原文化的物质载体——草原"五畜" // 中国内蒙古第四届草原文化研讨会论文集 [C]. 呼和浩特：内蒙古教育出版社，2008.

[4] 李东阳. 怀麓堂集 [M]. 上海：上海古籍出版社，1991.

[5] 钟福民. 中国吉祥图案的象征研究 [M]. 北京：中国社会科学出版社，2009：40-50.

[6] 程俊英，蒋见元. 诗经注析 [M]. 北京：中华书局，1991.

[7] 孙大章. 中国传统建筑装饰艺术——彩画艺术 [M]. 北京：中国建筑工业出版社，2013：76-93.

[8] 阿木尔巴图. 蒙古族图案 [M]. 呼和浩特：内蒙古大学出版社，2005.

[9] 黄华明，李鸿明. 装饰图案 [M]. 重庆：重庆大学出版社，2018：5-7.

[10] 中华人民共和国住房和城乡建设部. 中国传统民居类型全集（上）[M]. 北京：中国建筑工业出版社，2014：168-195.

[11] 孙乐. 内蒙古地区蒙古族传统民居研究 [D]. 沈阳：沈阳建筑大学，2012：87-89.

[12] 李智远. 内蒙古俄罗斯族木刻楞民居文化 [J]. 湖北民族学院学报，2007，25（2）：50-51.

[13] 张军，李蔓衢. 中东铁路历史建筑景观特征分析——以内蒙古扎兰屯市为例 [J]. 华中建筑，2013，（6）：122-125.

[14] 张迪. 扎兰屯市中东铁路历史文化街区保护与发展研究 [D]. 吉林：吉林建筑大学，2018.

第 4 章

:

传统建筑装饰
详例

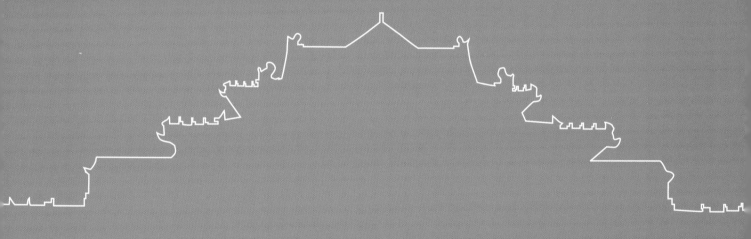

　　内蒙古地区疆域范围广阔，东西向呈狭长型，直线距离 2400 千米，南北跨度 1700 千米，东、南、西依次与黑龙江省、吉林省、辽宁省、河北省、山西省、陕西省、宁夏回族自治区和甘肃省 8 省区毗邻，国境线长达 4200 千米。区域范围及地理分布特征，使得内蒙古地区在东、中、西部存在明显的地理、气候及文化差异。此外，从对我国地理区域划分来看，内蒙古东部地区包括赤峰市、通辽市、兴安盟、呼伦贝尔市，属于我国东北地区，中部地区包括呼和浩特市、乌兰察布市、锡林郭勒盟属于我国华北地区，西部地区包括包头市、鄂尔多斯市、乌海市、巴彦淖尔市、阿拉善盟属于我国西北地区。文中结合以上诸因素，将内蒙古地区所辖盟市分别归属在内蒙古东、中、西部区域，在对内蒙古地区传统建筑装饰详例展示时亦按照内蒙古东、中、西部地区分别进行。

4.1 东部地区传统建筑装饰

4.1.1 区域概况

内蒙古东部地区，地域范围包括赤峰市、通辽市、兴安盟和呼伦贝尔市 4 个盟市。东部地区占地约 45.7 万平方千米，是内蒙古地区总面积的 38.3%。大兴安岭山脉自东北向西南纵贯境内，山脉的东侧为辽阔的松辽平原，西侧为广袤的内蒙古高原。呼伦贝尔市、兴安盟东部边缘为狭长的嫩江西岸平原。赤峰市、通辽市南部属燕山北部的山地与丘陵地带 [1]。大兴安岭北起黑龙江南岸，南至西拉木伦河，总长度约有 1100 千米，山脉宽近 300 千米，山区内水系丰富，地形平坦，构成河谷平原，内蒙古境内大兴安岭地段的林区环境，为内蒙古东部地区诸如"木刻楞"式民居建筑及井干式建筑的形成提供了必要前提。此外，东部地区以草原、森林为主的自然环境为游牧与农耕生活提供了适宜的条件，因此内蒙古东部地区成为游牧与农耕文化相互交流的前沿地带。

气候特征方面，内蒙古东部地区呈现出地域气候差异较大的特征。东部地区南北与东西向跨度较大，加之地势高差和山脉屏障等因素，造成东部地区各地气温、降水及风力等气候环境的显著差异。气温从南向北呈递减趋势，山区、高原平均气温低于平原地区。大部分地区处在中温带，呼伦贝尔市北部山区属寒温带。降水量方面，大兴安岭以东地区多于西部地区，山区多于平原。而风力的地域差异，主要表现在山区小于平原与高原。由于气候条件的影响，内蒙古东部地区的传统建筑多以保温为主，窗向南开，屋顶多为坡屋顶形式，且坡度较大，平屋顶建筑较少。传统民居室内多有火炕、火墙等设施进行取暖。

内蒙古东部地区在地理位置上南依辽宁省，东南方向与黑龙江省、吉林省相接壤，西北部与蒙古国遥遥相望，东北部以额尔古纳河为界与俄罗斯联邦划界而分。从地理位置上可以看出内蒙古东部大部分地区与东北三省联系紧密，加之地理环境与气候条件诸方面的相似性，在建筑文化方面与东北地区具有许多共同之处。

内蒙古东部地区人口以汉族为主，少数民族中蒙古族比例较高，在整个内蒙古地区，东部地区蒙古族人口比例均高于中、西部地区，其中通辽市蒙古族人口比重高达 45%，是内蒙古地区所有盟市中蒙古族所占比例最高的盟市。此外，满族人口占比也高于内蒙古其他地区。在这里，蒙古族游牧民族文化特征保留更为完整，草原牧区，草原与城市的过渡地带以至城市中心，都可以感受到蒙古族文化在城市发展进程中的重要文化支撑作用。

内蒙古东部地区官方语言为汉语和蒙语。传统的民间活动有那达慕大会和颇具地域特色的"跳鬼"与"祭山"等民间祭祀活动[2]。由于东部地区所辖部分区域在历史发展进程中与东北地区区域隶属关系的变化，促进了东部地区与近地域省份的文化交流，如 1969 年 7 月，呼伦贝尔盟（除 1 旗 1 县外）划归黑龙江省，1979 年 7 月由黑龙江省划归内蒙古自治区。通辽市的部分地区也曾划归辽宁省。因此在饮食与农耕等文化方面受到东北地区的重要影响，例如米饭在东部地区的普及早于内蒙古中部、西部地区。

内蒙古东部地区的宗教信仰种类较多，除了占主要地位的藏传佛教（喇嘛教）外，还有汉传佛教、伊斯兰教、东正教、天主教、基督教等宗教类型。藏传佛教于 16 世纪初传入内蒙古东部地区。基督教随中东铁路的修建而传入我国内蒙古东部地区，并在以呼伦贝尔满洲里为中心向整个东部地区扩散。

4.1.2　东部地区传统建筑装饰形式

1. 甘珠尔庙

　　甘珠尔庙位于内蒙古自治区呼伦贝尔市新巴尔虎左旗阿木古朗宝丽格苏木。始建于清乾隆三十六年（1771年），当时由清廷御批并拨银建庙，是呼伦贝尔地区建造时间最早、面积最大、影响最为深远的一座庙宇，距今已有200多年的历史。甘珠尔庙为原新巴尔虎左右两旗共同的寺庙。清廷御赐满、蒙、汉、藏四种文字"寿宁寺"匾额。清乾隆六年（1741年），请来《甘珠尔经》一部，搭建毡帐，始创法会，成为甘珠尔庙前身。清乾隆三十六年至清乾隆四十九年（1771～1784年），新建寺庙。清乾隆四十七年（1782年），扩建寺庙，立满文石碑。清光绪十六年（1890年），创建显宗学部。1930年，新建时轮殿。1932年，扩建大雄宝殿。1950年前后，将位于纳木古尔庙旁的时轮坛城庙迁至甘珠尔庙时轮殿。20世纪60～70年代，寺庙建筑被拆毁，仅存山门。2003年，新建双层汉藏式大雄宝殿正式恢复法会。2008年，扩建大雄宝殿。2009年，寺庙复建工程竣工[3,4]。

　　甘珠尔庙建筑以藏式建筑为主，兼有汉藏结合式建筑形式，是内蒙古东部地区为数不多的黄琉璃覆瓦建筑群。寺庙在其最盛时期建筑面积达2500平方米，包括有大雄宝殿、东、西配殿、天王殿（以上殿宇为汉式建筑，均在朝克钦院内）、汉藏结合式时轮殿、菩提道学殿、护法殿、弥勒殿、显宗殿、斋戒殿、格斯尔殿等11座殿宇及4座庙仓。在建筑装饰方面，融合了汉式与藏式的装饰风格，既有汉式的雕龙画凤，也有藏式的佛宝金轮，装饰样式绚丽复杂，装饰特征的形成与文化历史背景关系密切，但也与其多次的建筑修复有很大关联。其中，大雄宝殿装饰形式较为典型，大雄宝殿是一座二层汉藏结合式建筑，建筑屋顶配有经幢、祥麟法轮等藏式装饰内容，外檐彩画以旋子彩画为主，但彩画箍头绘蒙古族哈木尔云纹，内檐彩画具有明显的蒙藏风格，整体以红色为主，与官式彩画大不相同，枋心与藻头都以各色卷草纹装饰，而无较多汉式纹样。大雄宝殿的装饰形式集汉、藏形式于一身。

甘珠尔庙

『甘珠尔庙大雄宝殿』

②-1 柱装饰

①-1 鸱吻装饰

①-2 祥麟法轮装饰

①-3 经幢装饰　②-2 铜饰

②-3 额枋装饰

①-4 戗兽、走兽、套兽装饰

②-4 斗栱、栱眼壁装饰

②-5 平板枋装饰

②-6 雀替装饰

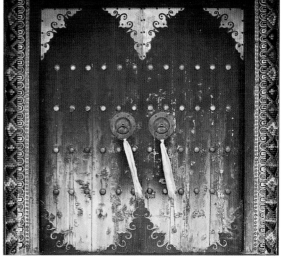

②-7 门装饰

③-1 栏杆装饰

『大雄宝殿内檐装饰』

内檐 藻井装饰

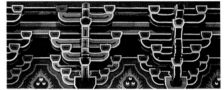

内檐 天花装饰

内檐 斗栱、栱眼壁装饰

内檐 平板枋装饰

内檐 连檐垫板装饰

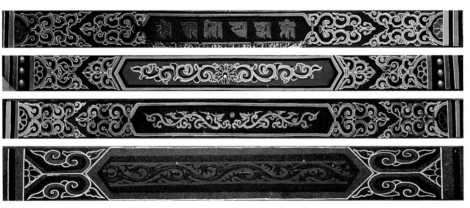

内檐 额枋装饰

内檐 雀替装饰

内檐 柱装饰

『甘珠尔庙罗汉殿』

①-1 鸱吻装饰

①-2 脊刹装饰

①-3 戗兽、走兽装饰

②-1 平板枋装饰

②-2 额枋装饰

②-3 檐檩装饰

②-4 雀替装饰

②-5 柱装饰

②-6 窗装饰

②-7 门装饰

『甘珠尔庙桑吉德莫洛姆殿』

① ② ③

①-1 一层鸱吻装饰

①-2 一层脊刹装饰

①-3 经幢装饰

①-4 戗兽、走兽、套兽、瓦当、滴水装饰

②-1 窗装饰

①-5 二层正脊装饰

②-2 二层平板枋装饰

②-3 二层额枋装饰

②-4 一层檐枋装饰

②-6 门装饰

②-5 雀替装饰

2. 达喜朋斯格庙

达喜朋斯克（格）庙，又称"西庙"，俗称"巴伦苏莫"。光绪十三年（1887年）兴建，寺庙现占地面积9212平方米。20世纪60～70年代，大部分建筑被拆毁，1985年修复一新，今为内蒙古自治区重点文物保护单位[4]。

庙内有大殿、东西耳房，另有接待室、仓库、僧舍等房屋12间。与别处不同的是达西朋斯格庙有新旧两处大雄宝殿。旧大雄宝殿为汉式建筑，屋顶形式为歇山、硬山组合式屋顶，规模较小。现今，建筑窗扇早已不复存在，只剩框体，但殿中精美的装饰彩画依稀可见，彩画用色对比鲜明，红绿交替出现，彩画内纹样呈现出汉、蒙、藏纹样并存的局面。新大雄宝殿为一座宏伟的歇山式重檐建筑，覆有黄琉璃瓦，屋顶正脊中间为祥麟法轮装饰，庄严大方。建筑梁枋彩画构图自由活泼，不似明清官式彩画那样形式规整，无论是颜色还是纹样，更多体现出蒙古族人民的审美喜好。柱子装饰方式则是典型的藏式风格，柱头饰兽面与法轮，尤其是门口两侧八棱柱体，托木上绘白色麒麟，下面绘吞口兽，层层蔓草生动形象。

达喜朋斯格庙

『达喜朋斯格庙旧大雄宝殿』

①-1 正脊装饰

②-2 廊内天花装饰

①-2 饕兽、走兽装饰

②-1 雀替装饰

②-3 檐檩、平板枋、栱眼壁、檐垫板、檐枋装饰

②-4 廊内檐枋装饰

『达喜朋斯格庙大雄宝殿』

① ② ③

②-1
柱装饰

①-1 正脊装饰

①-2 饯兽、走兽装饰

②-2 铜饰

②-3 斗栱、栱眼壁装饰

②-4 门装饰

②-5 雀替装饰

②-6 挑檐桁装饰

②-7 额枋装饰

③-1 栏杆装饰

3. 葛根庙

葛根庙，旧址坐落于原哲里木盟科右前旗哈达那拉苏木陶赖图山脚下，方位东南。前身为洮南东部的莲花图庙。清乾隆十三年（1748 年），乾隆帝赐莲花图庙为梵通寺。嘉庆元年（1796 年），原哲里木盟 10 旗王公筹集资金，在扎萨克图旗境内兴建陶赖图葛根庙。由莲花图庙的大喇嘛罗卜僧却德尔和阿旺散布外主持，从北京聘请马力占等能工巧匠 30多人，仿西藏斯热捷布桑寺的式样，修筑 3 年。清嘉庆三年（1798 年）建成梵通寺（朝克沁都根）、广寿午（拉森都根）、广觉寺（胡硕都根）、宏济寺（杏干部根）4 个殿堂。同治九年（1870 年）建成慧通导（居德伯都根）。葛根庙以上述 5 殿堂为主，配有葛根宫、尼玛宫、葛根陵等小型殿堂，成为兴安盟历史上规模宏伟的喇嘛庙[5]。

葛根庙大雄宝殿，仿西藏庙宇的造型，气势雄伟壮观。庙外台基以石砌成，白璧红边，平顶设有大型天窗，顶部四角置铜制锦金柱；顶部有铜制锦金法轮和相对而立的神鹿。各殿堂内部均为红漆明柱，顶棚绘有彩色龙凤图案，金碧辉煌，庄严肃穆。

葛根庙

『葛根庙吉祥大乘寺』

① ② ③

①-1 正脊装饰

①-2 祥麟法轮装饰

②-1 平板枋、额枋装饰

②-2 雀替装饰

②-3 斗栱、栱眼壁装饰

②-4 廊内天花装饰

②-5 铜饰

②-7 二层窗装饰　②-8
二层柱装饰

②-6 门装饰

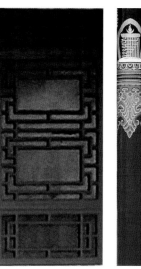

②-9 一层窗装饰　②-10
一层柱装饰

『葛根庙观音殿』

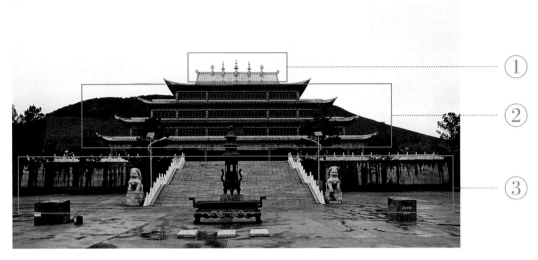

①-1 正脊装饰

②-1 斗栱、栱眼壁装饰

②-2 额枋装饰

②-3 雀替装饰

②-4 门装饰

②-6 一层柱装饰

②-5 窗装饰

②-7 二层柱装饰

③-1 栏杆装饰

4. 图什业图王府

图什业图王府，是在图什业图札萨克第十三世亲王巴宝多尔济执政期间，即清同治十年（1871）至清光绪十六年（1890），于内蒙古自治区兴安盟科尔沁右翼中旗政府所在地巴彦呼舒镇东北 20 千米的代钦塔拉修建，距今已有 130 余年的历史。王府总占地面积约 4 万平方米，其中建筑面积 4800 平方米，共有 150 间房屋。后被夷为平地，近些年逐渐得到恢复性修缮 [6]。

图什业图王府建筑风格采用汉式建筑的坡屋顶、斗栱、阁扇间房、彩刻门窗、雕梁画柱、飞檐翘脊、廊腰缦回的风格，观之可谓各抱地势，四方闭和，生动和谐。整个王府由五重宅院和东西两个跨院组成，主要建筑由王宫（中院）、三个衙门、游乐场所、佛事经堂等构成，再加之雄伟的城墙、城门、炮楼等护城设施，远观近视都甚为富丽壮观。王府大部分建筑形式都是前廊后厦，廊壁上绘有双龙戏珠、狮子滚绣球、奇花异草以及人物故事等五彩缤纷的壁画。午门、客厅、正殿的梁枋上面刻着飞禽走兽、舞龙翔凤、卧狮立象、草木虫鱼等图案。王府四周筑起五尺厚的围墙，四角和围墙修筑炮台，有四根高耸的旗杆，周围的红色栅栏，以及雕刻着龙凤花纹的木制影壁，使整个王府建筑显得森严华贵。

图什业图王府

『图什业图王府 仪门』

① ② ③

①-1 鸱吻、正脊装饰

①-2 正脊装饰

②-1 墀头装饰

②-2 雀替装饰

②-3 倒挂楣子装饰

②-4 檐檩、檐垫板、檐枋装饰

②-5 抱头梁、穿插枋装饰

②-6 窗装饰　②-7 柱装饰

②-8 室内漆金博古纹木立柜

『图什业图王府　家庙』

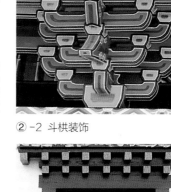

②-2 斗栱装饰

①-1 滴水、瓦当、飞椽装饰　　②-3 窗装饰　　②-4 柱装饰

②-1 柱装饰　　②-5 檐檩、檐垫板、檐枋装饰

②-6 挑檐桁装饰

②-7 平板枋、额枋装饰

『图什业图王府 福安堂』

① ②

①-1 鸱吻、正脊、垂兽、坐兽装饰

①-2 正脊装饰

②-1 檐檩、檐垫板、檐枋、倒挂楣子、雀替装饰　　②-2 柱装饰

②-3 穿插枋装饰　　②-4 抱头梁装饰

5. 库伦三大寺

库伦三大寺位于内蒙古自治区通辽市库伦旗境内，南起库伦河北，北至北山顶，东起后府沟，西至糖业北沟之间的阳坡台地上。库伦三大寺皆以东西两路院落组成，供佛庙院皆以中轴对称平面布列为制，其他建筑则较随意或空敞不建，库伦三大寺包括：兴源寺、象教寺、福源寺。

（1）兴源寺

兴源寺，俗称"库伦寺"，位于内蒙古自治区通辽市库伦旗库伦镇内，是库伦诸寺中规模最大的喇嘛寺[8]。兴源寺始建于清顺治六年（1649），竣工于清顺治七年（1650），清廷赐名"兴源寺"蒙、汉、藏三种文字匾额。寺庙占地面积约14000平方米，地势北高南低，主要建筑均在一条中轴线上，一连四进院落，层层递进，逐次升高。

兴源寺正殿为汉藏结合式建筑，建筑装饰集汉、蒙、藏文化于一身。建筑屋顶饰金瓶与鸱吻，门窗及前壁均有精美的木雕、石雕和彩画，彩画地方特色明显，均为青绿色底配卷草纹、哈木尔纹等蒙古族特色纹样。柱子通刷浅粉绿色，也是较为少见的颜色。正殿之后的玛尼殿为歇山式建筑，面阔三间、进深三间，回廊阑额及枋上均彩绘库伦山水、寺庙、历史故事等图案。

兴源寺

『兴源寺大雄宝殿』

① -1 正脊装饰

① -2 鸱吻装饰

① -3 椽装饰

② -1 二层檐檩、檐垫板、檐枋装饰

② -2 柱装饰

② -3 墙装饰

② -4 一层梁装饰

② -5 门装饰

② -6 窗装饰

『兴源寺玛尼殿』

①
②
③

①-1 正脊装饰

①-2 垂兽　　①-3 戗兽　　①-4 坐兽　　　　　　　①-5 套兽

①-6 椽装饰　　　　　　　　　　　②-1 雀替装饰

②-2 檐檩、檐垫板、平板枋、檐枋装饰

②-3 门簪装饰　　　　　内檐 梁装饰　　　　　　　　　②-4 柱装饰

（2）象教寺

象教寺位于兴源寺东，总占地面积 13861 平方米，原建筑面积约 2980.22 平方米，现状建筑遗存 882.12 平方米[5]。1670 年，始建寺庙。20 世纪 60～70 年代寺庙严重受损。1986 年，库伦旗人民政府对其进行修缮，修缮后的象教寺面目一新[4]。

象教寺由三进院落组成，整体建筑为汉式建筑形式，第一进院为查玛场，南侧有一影壁，其下有炕式小台。与影壁遥相呼应的是 3 间歇山式山门，山门屋顶中央置藏传佛教祥麟法轮，垂脊饰坐兽、戗兽，正门的两侧为典型的汉式风格六边形小窗。在山门的两侧各有 2 间正面敞开的圆山顶耳房，与山门共同围合出扇形空间，构成佛教仪式空间。第二进院内有 3 开间弥勒殿，两侧有 20 余间僧舍与膳房。第三进院为 5 开间无量寿佛殿，两侧各有 6 间厢房，与第二进院落内厢房相连，为喇嘛印务处办公的地方。象教寺目前正在进行大规模修缮，面目全新，修缮后各殿建筑装饰彩画形式均为典型旋子彩画样式。

象教寺

『象教寺山门』

①-1 正脊装饰

②-1 檐檩、檐垫板、檐枋、雀替装饰

①-2 椽装饰

②-2 窗装饰

②-3 门装饰

②-4 柱装饰

『象教寺莲花生殿』

① -1 垂兽、坐兽装饰

② -1 墀头装饰

① -2 椽装饰

①
②
③

② -2 檐檩、檐垫板、檐枋装饰

② -3 雀替装饰

② -4 走马板、窗装饰

② -5 门装饰

② -6 柱装饰

（3）福缘寺

福缘寺建于清乾隆七年（1742 年），寺庙建于一条中轴线上，由南而北一连四重殿宇，即：山门、诵经殿、佛殿和老爷庙等建筑组成。占地面积约 4000 平方米。清廷赐名"福缘寺"，但当地人习称为"下仓"。福缘寺大雄宝殿为藏式二层建筑，面阔进深各五间，建筑装饰形式为藏式风格，但装饰内容简化。三世佛殿是福缘寺中等级较高的建筑，在建筑装饰上也有所体现。三世佛殿建筑形式为汉式重檐庑殿顶建筑，屋顶正脊施红色，饰金色六字真言。其重檐下三层斗栱，层层伸出。前檐出廊，内外檐的梁枋绘旋子彩画，但彩画用色较为突出，除蓝、绿色交替外，还出现了黄色与赭色，彩画构图与纹样规整。柱头上绘制卷草纹样。内檐天花为多边形藻井，中心饰金龙，周边均彩绘雕刻金色行龙，装饰精细。

福缘寺

①-1 屋脊装饰

②-1 窗装饰

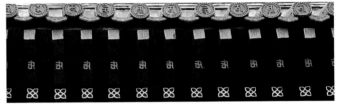

①-2 瓦当、滴水、椽装饰

②-2 二层枋装饰

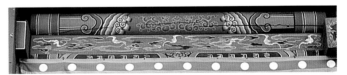

②-3 一层梁装饰

②-4 栏杆装饰

②-5 门装饰

②-6 柱装饰

『福缘寺三世佛殿』

① -1 正脊装饰

① -2 坐兽

① -3 戗兽

① -4 套兽

① -5 瓦当、滴水装饰

① -6 椽装饰

② -1 挑檐檩装饰

② -2 额枋装饰

② -3 平板枋装饰

② -4 雀替装饰

② -5 斗拱、拱眼壁装饰

② -6 走马板装饰

② -7 柱装饰

内檐 藻井装饰

内檐 斗栱、栱眼壁装饰

内檐 垫板装饰

内檐 枋装饰

内檐 天花装饰

内檐 枋装饰

内檐 柱头装饰

6. 奈曼王府

奈曼王府，位于内蒙古自治区通辽市奈曼旗大沁塔拉镇王府街，是清代奈曼部首领札萨克多罗达尔汗郡王的府邸。清代顺治元年（1644 年）始建于巴彦敖包，康熙五十六年（1717 年）迁于呼和格日，康熙六十一年（1722 年）复迁巴彦敖包，嘉庆二十四年（1819 年）迁至章古台，同治二年（1863 年）迁到此处。现存王府 5000 余平方米，为台榭回廊式四合院建筑。1986 年公布为内蒙古自治区重点文物保护单位[9-11]。

奈曼王府是经四迁五治后的最后一座郡王府，建造所用工匠全部从北京挑选而来，从建筑风格到建造工艺都有着非凡的水准。王府遵从清代府邸前朝后寝的空间布局，前为朝堂后为寝宫，一条主轴线辅以两条边路轴线，构图方正、分区明确，是清代王府较为典型的布局方式。院内正殿和配殿宏伟壮观，兽头瓦当，叶脉滴水，金碧辉煌。建筑全部采用青砖青瓦，墙体磨砖对缝，屋脊呈歇山式滚龙脊，檐头规则地排固着兽面瓦当，前廊后厦，典雅考究，具有浓郁的民族特色。正殿和东西二殿均有丹青彩绘，包括山水、花草、人物等装饰题材。札萨克多罗达尔汗郡王是蒙古族后裔，信仰藏传佛教，然而由于和清王朝关系较好，也深受中原文化感染，因此在王府建筑装饰中小到彩画局部样式，大到建筑整体施色与彩画构图形式，都体现了蒙、汉文化的交流与融合，从另一个角度也表明该地区历史上文化融合的特性。

奈曼王府

①
②
③

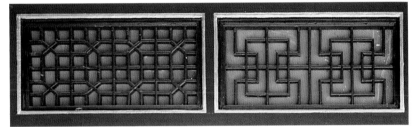

②-1 西侧墀头装饰　②-2 东侧墀头装饰　②-3 窗装饰

②-4 椽、檐檩、柁墩、檐枋装饰

②-5 门装饰

②-6 窗装饰

『奈曼王府 佛堂正殿』

②-1 檐檩、檐垫板装饰

②-2 檩、走马板装饰

②-3 墀头装饰

②-4 门装饰

②-5 窗装饰

『奈曼王府 后正殿』

②-1 墀头装饰

②-3 雀替装饰

②-2 檐檩、檐垫板、檐枋装饰

②-4 门装饰

②-5 内檐门、雀替装饰

②-6 窗装饰

7. 通辽市清真寺

通辽市清真寺（今科尔沁区清真寺）坐落于内蒙古自治区通辽市科尔沁区，始建于 1926 年。据《哲里木盟志》记载，清道光元年（1821 年），回族移民从河北省、山东省、辽宁省等地陆续迁至哲里木地区（今通辽市）。1912 年至 1927 年，哲里木地区的回族人口不断增多，1925 年全镇回族居民达 100 户，人口近 600 人。穆斯林推举赵子元为通辽清真寺首任教长，并开始筹建清真寺。1926 年春，通辽清真寺开始动工兴建，1927 年春全部竣工。20 世纪 60～70 年代，该寺遭到了破坏，宗教活动一度停止。1979 年，这里的宗教活动得到恢复[12]。

现在的通辽市清真寺气势恢宏，塔楼耸立，清真寺主体大殿是一座两层建筑，具有典型的伊斯兰风格，建筑顶部有金色穹顶装饰，中间高悬新月标志，女儿墙两侧屋角，各饰有一个小的穹顶，上面饰有金黄色弧形纹样。建筑门、窗造型皆为拱式。大殿两侧各有一座瞭望台，下部呈方柱，上部则为六边形，顶部同样为金色穹顶。整个建筑宏伟高大，是通辽市独具特色的人文景观。

通辽市清真寺

『清真寺』

①-1 穹顶装饰　　①-2 女儿墙装饰

②-1 窗装饰

①-3 眺望台装饰

②-2 墙面、窗装饰

②-3 墙面装饰

8．龙泉寺

龙泉寺位于内蒙古自治区赤峰市西北部，始建于辽代，为内蒙古地区少有的辽、元时期寺院。龙泉寺原为汉传佛教寺庙，后期重修时改为藏传佛教寺庙。龙泉寺现存寺院面积2600 平方米。院内保存身长 4.5 米的石雕卧狮 1 尊，是龙泉寺内最久遗存，单檐歇山顶山门 1 座，单檐歇山顶环廊大殿 1 幢，复建硬山式前殿、东西配殿各 1 幢，院后山坡保存小石窟 1 座，内藏石雕坐像 2 尊。该寺现为内蒙古自治区重点文物保护单位[13,14]。

龙泉寺内建筑均为汉式建筑形式，主体建筑包括：山门、天王殿、大雄宝殿以及东、西配殿，寺内没有钟楼与鼓楼。龙泉寺殿宇依山而建，层次错落有致。建筑装饰方面，中原汉地建筑装饰特征明显，同时将宗教文化装饰元素融合到整体建筑中。龙泉寺大雄宝殿歇山屋顶正脊中置宝瓶，没有出现藏传佛教装饰元素法轮和金鹿，正脊两侧缀鸱吻、垂脊、垂兽、走兽保存较为完好，雕刻精美。外檐梁枋彩画形制较为规整。此外，梁枋彩画中出现了藏传佛教六字真言装饰样式，柱头部分描绘了"佛八宝"等具有鲜明的藏传佛教特色的图像符号。内檐彩画多为旋子彩画形式，枋心内饰有卷草、草龙、六字真言、锦文等纹样。

龙泉寺

①-1 正脊装饰

①-2 垂脊、垂兽装饰

①-3 坐兽装饰

②-1 檐檩、檐垫板、檐枋、雀替装饰

②-2 抱头梁、穿插枋装饰

②-3 梁头装饰

②-4 柱头装饰

②-5 门装饰

『大雄宝殿内檐装饰』

内檐 梁装饰

内檐 壁画装饰

内檐 檩装饰

内檐 檩、垫板、枋装饰

『龙泉寺东配殿』

①

②

③

①-1 鸱吻装饰

②-2 窗装饰

②-1 檐檩、檐垫板、檐枋装饰

②-3 门装饰

『龙泉寺天王殿』

①

②

③

②-2 门装饰

①-1 鸱吻装饰

②-1 檐檩、檐垫板、檐枋装饰

②-3 梁头装饰

9. 福会寺

福会寺藏语译为"盖灵草"，建于清代康熙年间，是赤峰市喀喇沁地区最大的藏传佛教寺庙，位于内蒙古自治区赤峰市北部王爷府镇大庙村。福会寺现存寺院面积 4000 平方米，坐北面南，以中轴对称形式布局，青砖原砌院墙，寺庙殿堂为大式砖木结构。2001年，福会寺被评为国家级重点文物保护单位[15,16]。

福会寺有着中国北方官式建筑严谨、庄重的构造特点，是传统木作法式与密宗佛教特点高度结合的典型范例。福会寺殿宇大都为砖木结构的硬山或歇山楼阁式建筑风格，包含汉式斗栱、抬梁式、穿斗式木结构，彩绘、砖雕等形式都是典型汉式建筑元素。大雄宝殿为一座二层歇山式建筑，正脊中间饰金色宝瓶，但大殿鸱吻、走兽、砖雕及梁柱彩画都已重新修缮。释迦牟尼殿梁枋彩画年代较为久远，彩画形式中出现了地方特色元素，为深入研究福会寺建筑装饰提供重要参考。寺内殿宇墙壁绘有"佛八宝"和梅兰竹菊四君子壁画，是宗教文化与世俗文化融合的产物。

福会寺

『福会寺天王殿』

①-1 正脊装饰

①-2 坐兽、套兽装饰

②-1 檐檩、檐垫板、檐枋装饰

②-2 侧立面檐檩、檐垫板、檐枋装饰

②-3 窗装饰

②-4 门装饰

①

②

③

『福会寺释迦牟尼殿』

①-1 脊刹装饰　　①-2 鸱吻装饰　　②-1 墙装饰

②-2 二层檐檩、檐垫板、檐枋装饰

②-4 门装饰

②-3 一层檐檩、檐垫板、檐枋装饰

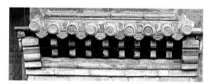

②-5 窗楣装饰

10. 灵悦寺

灵悦寺，位于内蒙古自治区赤峰市喀喇沁旗锦山镇内，建于清康熙年间。灵悦寺由山门殿、中殿、配殿、关羽庙和僧舍等建筑组成。原来寺庙占地面积约 27000 余平方米，房屋百余间，香火极盛期常住喇嘛达 500 余名。1966 年，寺内佛像、经文遭到破坏，殿宇留存。1998 年，寺庙被公布为第三批自治区重点文物保护单位。2002 年，格格塔日吉德活佛兼任灵悦寺住持。2004 年，北京雍和宫助理文赞嘉木杨勤赛被聘请为寺庙住持。是年，修缮山门、钟鼓楼，更换屋面瓦，整修墙体，重描彩绘。

灵悦寺建筑的整体布局为典型的中轴对称形式，由于灵悦寺是汉式皇家寺院，其建筑装饰多以汉式风格为主且规格较高，寺内殿宇中绘有最高等级的和玺彩画就是其最好的佐证。灵悦寺大经堂是一座汉式二层歇山式重檐建筑，屋顶正脊没有宝瓶等藏传佛教常见装饰，走兽、鸱吻、正脊雕饰都是十分传统的汉式样式。檐下斗栱彩画、檐檩彩画都是仿明清时期官式彩画的做法，纹饰也是以中原地区常见纹饰为主。但在门框装饰上，则具有典型的藏式风格，五层纹饰带层层套叠，颜色艳丽，沥粉贴金，华丽精美。其他殿宇风格与大经堂相一致，彩画、壁画、墀头等装饰样式都表现出中原地区文化的特色，但是在一些墙面砖雕、门板等处可见梵文装饰、蒙古族传统纹样，体现出汉式风格基础上的多民族文化交融的装饰特征。

灵悦寺

『灵悦寺大经堂』

①-1　鸱吻、正脊装饰

①-2　戗兽、坐兽、套兽装饰

②-1　一层挑檐桁、挑檐枋、斗栱、栱眼壁、平板枋、额枋、雀替装饰

②-2　墙装饰

②-3　门装饰

②-4　窗装饰

②-5　柱头装饰

②-6　抱头梁装饰

②-7　外廊天花装饰

『大经堂内檐装饰』

内檐 壁画装饰

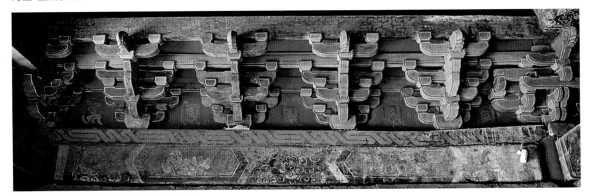

内檐 枋、斗栱、栱眼壁装饰

内檐 枋装饰

内檐 梁装饰　　　　　　　　　　　　　　　　　　　　　　内檐 柱装饰

『灵悦寺大雄宝殿』

①-1 脊刹装饰

①-2 鸱吻装饰

①-3 套兽装饰

①-4 坐兽装饰

①-5 椽装饰

①

②

③

②-1 挑檐桁、挑檐枋、斗栱、栱眼壁、平板枋、额枋、雀替装饰

②-2 窗装饰

②-3 门装饰

内檐 天花装饰

②-4 柱装饰

『灵悦寺前殿』

①-1 鸱吻、正脊装饰

①-2 瓦当、滴水、椽装饰

②-1 墀头装饰

①

②

③

②-2 檐檩、檐垫板、檐枋装饰

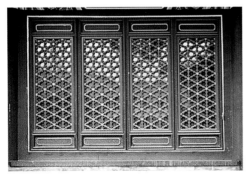

②-3 窗装饰

②-4 门装饰

11．荟福寺

荟福寺，位于内蒙古自治区赤峰市巴林右旗大板镇南段，清康熙四十五年（1706 年）始建于大板镇荟福社区，国家级文物保护单位，占地 7100 平方米，建筑面积 3725 平方米。荟福寺内主体建筑雄伟壮丽，庄严肃穆，是赤峰市巴林右旗藏传佛教格鲁派最大的寺庙[17]。

荟福寺整体布局为典型的中轴对称形式。大雄宝殿为正殿，建筑形式为重檐歇山式，面阔、进深均为 7 间，通高 18 米，为寺内主体建筑。建筑装饰方面，大雄宝殿屋顶宝刹金碧生辉、鸱吻鬃飞卷、背兽玲珑，十分壮观，内外檐彩画形式为典型旋子彩画形式，彩画内绘行龙、旋子纹样，雀替多为卷草纹样装饰，窗棂格栅样式丰富。东配殿为"达玛金"殿，西配殿为观音殿，檐下天窗部位均彩绘壁画。荟福寺内大部分壁画保存尚好，彩画绘制精美、题材丰富。荟福寺是塞外草原远近闻名的古刹以及佛事活动场所，是众多劳动人民智慧的结晶。

荟福寺

『荟福寺大雄宝殿』

①-1 正脊装饰

①-2 瓦当、滴水、椽装饰

②-3 窗装饰

②-1 二层挑檐桁、挑檐枋、斗栱、栱眼壁、平板枋、额枋、雀替装饰

②-2 一层挑檐桁、挑檐枋、斗栱、栱眼壁、平板枋、额枋、雀替装饰

②-4 门装饰

②-5 柱装饰

『大雄宝殿内檐装饰』

内檐　壁画装饰

内檐　枋底装饰

内檐　栏杆、枋装饰

内檐　天花装饰

内檐　斜撑装饰

内檐　柱装饰

①-1 正脊装饰

①-2 戗脊、戗兽、走兽、套兽装饰

①-3 垂脊、垂兽装饰

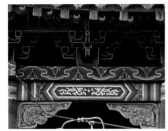

②-1 二层挑檐桁、挑檐枋、斗拱、平板枋、额枋、雀替装饰

②-2 一层檐檩、檐垫板、柁墩、檐枋、雀替装饰

②-3 墙装饰

②-4 檐檩装饰

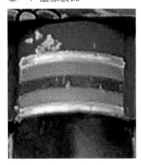

②-5 二层柱头装饰　②-6 一层柱头装饰　②-7 窗装饰

①

②

③

『普觉殿内檐装饰』

壁画装饰

枋装饰　　　　　　　　　　　　　　　　栏杆装饰

天花装饰　　　　　　　　　　　　　　　　　　　　柱装饰

『荟福寺天王殿』

① -1 正脊装饰

① -2 戗兽、坐兽、套兽装饰　① -3 瓦当、滴水、椽装饰

② -1 二层檐檩、檐垫板、檐枋装饰

② -2 一层檐檩、檐垫板、檐枋装饰

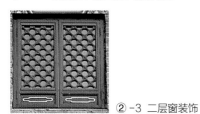

② -3 二层窗装饰　　② -4 一层窗装饰　② -5 柱装饰

12. 格力贝尔召

格力贝尔召，亦称"石窟寺"，蒙语称"格力贝尔召"或"阿鲁召"（后召），清廷赐名"善福寺"与"慧因寺"，位于赤峰市巴林左旗查干哈达苏木阿鲁召嘎查境内。格力贝尔召原是一组石窟群，在石窟外修建佛殿，将石窟包含于佛殿之内。

格力贝尔召现存石窟部分以及清代乾隆年间续建的七间大殿保存完好。七间土木结构的大殿为沿石窟上额接出，作唇齿式，故称唇殿或前殿 [18]。建筑装饰形式为汉藏结合式。大雄宝殿为歇山式建筑，屋顶正脊中饰有祥麟法轮装饰，为近年重新修缮。檐檩、垫板等处彩画十分具有地方特色，箍头多用连珠纹装饰，盒子内部绘有万字纹、旋花纹等内容。此外，山门外檐梁枋处彩画形式为类苏式彩画构图形式，包袱内部图案不仅有常见的行龙纹样，还有佛教题材的白象纹样，是佛教文化的体现。千佛殿的前廊由八根柱体支撑，柱头上挑檐桁、斗栱、额枋等处绘有各式彩画，斗栱皆以白色勾边，层次丰富，样式独特。

格力贝尔召

『格力贝尔召大雄宝殿』

①-1 鸱吻装饰　①-2 戗兽、坐兽装饰　　　　　　　①-3 祥麟法轮装饰

②-1 檐檩、檐垫板、檐枋装饰

②-2 挑檐桁、挑檐枋、斗栱、平板枋装饰

②-3 窗装饰

②-4 门装饰

②-5 前廊梁装饰

『格力贝尔召山门』

①

②

①-1 鸱吻装饰　　①-2 脊刹装饰　　②-1 墀头装饰

②-2 檐檩、檐垫板、檐枋装饰　　　　　　　　②-3 门装饰

内檐 梁装饰

13. 梵宗寺

梵宗寺，位于内蒙古自治区赤峰市翁牛特旗乌丹镇西北 4 千米处，是翁牛特旗仅存较完整的古建筑群。整个建筑群由山门（天土殿），正殿，东西配殿，后殿（丈八佛殿），关帝殿，经卷殿等组成，现存 115 间，占地 17050.37 平方米，建筑面积 3751.1 平方米[8]。前身始建于元延祐六年（1319 年），1735 年，寺庙被洪水冲毁。1743 年，寺庙迁至查干布热山北，重建殿宇。1943 年，寺庙创办喇嘛学校，讲授蒙古文、日文。20 世纪 60～70 年代，寺庙严重受损，殿宇改作盐库。1998 年，开始修缮天王殿和弥勒殿，重建配殿。2008～2009 年，新建寺庙附属建筑藏药殿、法物流通处。

梵宗寺建筑风格为汉式风格，整个庙宇建筑坐北朝南，依山势起伏，由南向北逐渐升高，形成阶梯式建筑布局。寺院山门、大雄宝殿、观音殿坐落在中轴线上，两侧皆有配殿相对称，组合成为几个封闭式的四合院。梵宗寺内雕刻和彩饰、壁画等保存较好，具有较高的艺术价值，以大雄宝殿为例，属于二层歇山重檐建筑，二层正脊饰宝瓶，一层正脊饰祥麟法轮装饰，宗教文化特色显著，大雄宝殿内外檐彩画精美，贴金龙凤图案皆有绘制，体现建筑的较高等级，枋心两侧的装饰纹样各不相同，有的是圭光线配卷草纹箍头，有的是梵文配软卡子，还有的在箍头内绘佛像图案，具有典型的地方风土彩画特色。柱头饰有吞口雕饰，镂空的雀替饰有卷草纹样。内檐天花装饰规整精美，梵文、卷草纹、哈木尔纹为基本构成元素，搭配佛教题材，塑造出浓浓的宗教氛围。

梵宗寺

『梵宗寺大雄宝殿』

①

②

③

①-1 鸱吻、正脊装饰

①-2 脊刹装饰　　①-3 祥麟法轮装饰

①-4 戗兽、走兽、套兽装饰

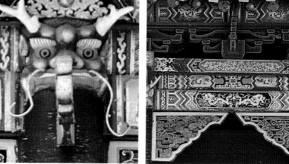

②-1 二层挑檐桁、挑檐枋、斗栱、平板枋、额枋装饰　　②-2 柱头装饰

②-3 前廊檩、枋装饰

②-4 门装饰　　②-5 窗装饰

②-6 前廊梁装饰

②-7 挑檐桁、挑檐枋、斗栱、平板枋、额枋装饰

『大雄宝殿内檐装饰』

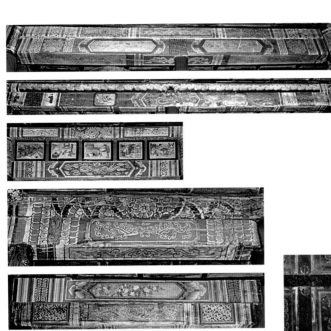

内檐　枋装饰

内檐　天花装饰

内檐

『梵宗寺弥勒佛殿』

①-1 正脊装饰

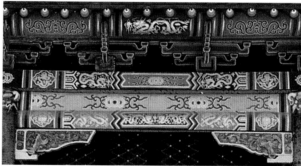
①-2 龅兽、走兽、套兽装饰

②-1 挑檐桁、斗栱、平板枋、小额枋、大额枋装饰

②-2 槛墙装饰

②-3 前廊梁装饰

②-4 枋头装饰

②-5 门装饰

②-6 柱装饰

①-1 鸱吻装饰　　②-1 北侧墀头　　②-2 南侧墀头

②-4 柱装饰

①-2 瓦当、滴水、椽装饰

②-3 檐檩、檐垫板、檐枋、雀替装饰

②-5 门装饰

14. 法轮寺

　　法轮寺，蒙语俗称"玛日图庙"，位于内蒙古自治区赤峰市宁城县大城子镇内，为原卓索图盟喀喇沁中旗寺庙，是该旗札萨克家庙，也是旗内规模最为宏大的藏传佛教寺庙。法轮寺占地 22000 平方米，建筑面积 5000 平方米[15]。

　　法轮寺建筑风格为汉式风格，主要建筑有天王殿、护法神殿、钟鼓楼、释迦牟尼殿、大雄宝殿和配殿等建筑。法轮寺在建筑装饰艺术上集汉、藏风格于一身。寺内大雄宝殿为 81 间双层建筑，主体建筑外廊均为花岗岩石柱，上刻有梵文图案。门窗楣对砌镶嵌着花岗岩石拱，并雕有海水江崖和梵文图案。建筑形式虽为汉式，但在建筑装饰形式上体现出典型的宗教与民族文化特征，尤以建筑梁枋处彩画最为突出，彩画内不仅饰有梵文、佛八宝图案，还有典型藏传佛教兽面图案。在彩画构图方面，将莲花纹样与旋子交替排列，形式灵活。雀替装饰样式中将卷草纹样按照雀替形式进行形态变形，造型粗放。色彩应用方面，蓝、绿色依然是彩画的主题颜色，但其中点缀了红色，色彩鲜明，地域性特征明显。

法轮寺

『法轮寺大雄宝殿』

① -1 正脊装饰

① -2 饕兽

① -3 祥麟法轮

② -1 二层檐檩、檐垫板、檐枋装饰

② -2 一层檐檩、檐垫板、檐枋装饰

② -3 二层雀替装饰

② -4 一层雀替装饰

② -5 梁头装饰

② -6 柱装饰

② -7 门装饰

② -8 窗装饰

『法轮寺旃檀殿』

①-1 鸱吻装饰

①-2 脊刹装饰

②-1 霸王拳装饰

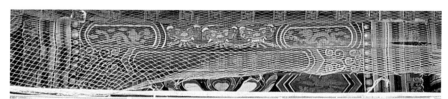

②-2 二层檐檩、檐垫板、檐枋装饰

②-3 一层檐檩、檐垫板、檐枋装饰

②-4 雀替装饰

②-5 抱头梁、穿插枋装饰

②-6 柱装饰

15. 喀喇沁亲王府

喀喇沁亲王府位于内蒙古自治区赤峰市喀喇沁旗王爷府镇，始建于清康熙十八年（1679 年）。王府占地面积约 8.6 万平方米，由府邸、东西跨院和后花园 3 部分组成，亲王府整体布局沿中轴左右对称，中轴线上的建筑形式主要为大式硬山结构，建筑体量层层递进，逐级增大。东西跨院为王府生活附属区域，建筑皆为卷棚式屋顶，与中轴线上的主体建筑形成对照关系。喀喇沁亲王府是我国建造最早、规模最大、保存最好的清代蒙古王府，2001 年被国务院颁布为全国重点文物保护单位[13]。

喀喇沁亲王府建筑形式为我国传统砖木混合结构建筑形式，由柱、梁、枋、檩等组成，因此，亲王府建筑群整体的形体外观和比例尺度规整、和谐。整个王府建筑用材考究、结构严谨。中轴线上的建筑为硬山屋顶，屋脊简洁无装饰，瓦作采用传统筒瓦覆顶，木构件整体采用红漆刷饰，除宗祠、庙堂施以彩绘外，其余建筑无论等级高低，一律不施彩绘。檐柱雀替镂雕卷草图案，用色以黄绿色为主，底色为蓝色，色彩亮丽。飞檐椽头上则饰有卍字图案。室内顶棚视建筑等级功能而有所不同，分藻井（如承庆楼）和一般吊顶，王府正殿屋顶天花图案为"佛八宝"，配房屋顶天花出现"硬海墁"式，即抹灰天花，受满、蒙民族文化影响颇深。

喀喇沁亲王府

『喀喇沁亲王府 承庆楼』

①-1 鸱吻装饰

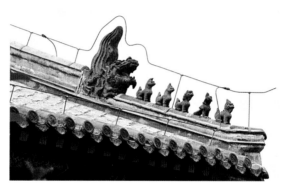

①-2 垂兽、坐兽装饰

②-1 柱装饰

②-2 檐檩、檐垫板、檐枋、雀替装饰

②-3 门装饰

②-4 栏杆装饰

『喀喇沁亲王府　介寿堂』

① ② ③

①-1 鸱吻装饰

①-2 垂兽、坐兽装饰

②-3 窗装饰

②-1 东侧墀头装饰

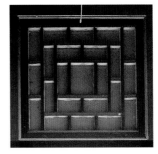

②-2 西侧墀头装饰

①-3 瓦当、滴水、椽装饰

②-5 门装饰

②-4 窗装饰

②-6 雀替装饰

『喀喇沁亲王府　主戏台』

①
②
③

①-1　鸱吻、垂兽、坐兽装饰

②-1　窗装饰

②-2　门装饰

②-3　檐檩、檐垫板、檐枋装饰

②-4　墙装饰

③-1　栏杆装饰

4.2 中部地区传统建筑装饰

4.2.1 区域概况

内蒙古中部地区是内蒙古高原主要区域，根据地理、人文等因素进行划分后，中部地区包括呼和浩特市、乌兰察布市、锡林郭勒盟三个盟市，属于我国华北地区范围。

内蒙古中部地区地形、地貌多样，以高原为主，由西向东分别是阴山山脉、土默川平原、乌兰察布丘陵、浑善达克沙地以及察哈尔低山丘陵，中部地区的主要山脉有大青山、蛮汗山，海拔在 1500~2000 米。以阴山山脉为界，北部丘陵与盆地相交错，俗称"后山"，其间较大的盆地有武川盆地、乌兰花盆地、商都盆地等，南部俗称"前山"，黄土广布，经沟谷分割形成黄土丘陵或台地。前山地区也有岱海、黄旗海等陷落盆地，盆地中央积水成湖。中部地区沙地以浑善达克沙地规模最大，分布于锡林郭勒盟南部，东西延续 300 多千米，南北宽 100 千米，其中一系列垄状或梁窝状沙丘及低地（塔拉）交错分布。土默特平原位于大青山、蛮汗山与黄河之间，呈三角形地势，平原上地形平坦，土层深厚，水源丰富，农业发达。

内蒙古中部地区的气候特征总体呈现出从东部温带季风气候向西部大陆气候过渡的特征。由于地处内陆，昼夜温差较大，最大温差可达 14℃以上。一年四季寒暑变化非常明显，降水较少且不均匀，导致草原的半湿润气候和沙漠的干旱气候共存于此区域。此外，风大沙多也是中部地区的显著特点之一，民间有"一年一场风，从春吹到冬"的说法，也是对该地区气候特征的生动描述。由于气候条件的影响，内蒙古中部地区的建筑也呈现出对气候环境的应对特征，例如在建筑的防风、保暖及争取更多南向日照方面，在建筑材料的选择、建筑方位与开窗形式的设计等方面都有所体现 [20]。

内蒙古中部地区民族构成以蒙古族为主体，汉族占多数。官方语言是汉语。呼和浩特市和锡林郭勒盟历史上有大量辽宁、山西移民的入迁，所以主要使用的汉语有东北官话和晋语；乌兰察布地区使用晋语乌兰察布话、蒙古语中部方言。饮食文化方面，蒙古族的特色饮食在中部地区应有尽有：奶茶、奶酒、奶皮、奶豆腐等，都是当地蒙古族的主要饮食内容。当地汉族在饮食习惯上也受到其影响，汉族的餐桌上出现了蒙古餐食。受到邻近山西文化影响，中部地区是内蒙古地区面食普及最广的区域。

宗教文化方面，内蒙古中部地区主要宗教信仰有藏传佛教、汉传佛教和伊斯兰教。藏传佛教的信众以蒙古族为主，信仰汉传佛教以汉族居多，伊斯兰教的信仰民族以回族为主。作为内蒙古地区的中心区域，中部地区也是内蒙古地区历史上的宗教文化中心，藏传佛教传入内蒙古中部地区最早可以追溯到 13 世纪，后随元朝的灭亡而一度销声匿迹，直到明朝末年在中部地区再次兴盛，后发展为蒙古族的唯一宗教信仰，随之开始了藏传佛教建筑的集中建造期。

内蒙古中部地区因近地域性文化影响以及人口迁移等因素，山西后裔在这个汉族人口占多数的地域占据了不小的比例。在中部地区 3 个盟市中，乌兰察布市因更邻近陕晋冀地区，汉族人口所占比例最大，所体现出的汉蒙文化交融特点更为明显。由于中部地区邻近的晋陕地区在地形、地理位置、气候条件方面都有较多相似之处，因此在传统建筑尤其是民居建筑方面表现出较大相似性。比如陕西代表性民居——窑洞，在呼和浩特、乌兰察布等地区皆有分布，窑洞冬季保暖抗风，夏季阴凉，是利用地形所建造的功能性较好的民居类型。建筑装饰方面，山西民居的砖雕装饰形式引入到了内蒙古中部地区的民居建筑中，同时也带来了注重艳丽色彩的山西装饰彩绘形式。在寺庙建筑中，叙事与山水类的壁画出现，印证了晋文化与藏传佛教文化在中部地区的融合。

4.2.2 中部地区传统建筑装饰形式

1. 大召

大召位于内蒙古自治区呼和浩特市玉泉区，蒙古语称"依克召"。建于明神宗万历七年（1579年），赐名"弥慈寺"，清初重新修茸后赐名为"无量寺"。大召规模宏大，寺院由正院、东仓、西仓三大院落单元组成，东西两仓各有仓门，北端互通构成环绕寺庙的甬道。大召现有院落面积9226.41平方米，建筑面积2560.8平方米。

大召的建筑风格以汉式建筑为主，大雄宝殿为汉藏结合式。在建筑装饰方面吸取了蒙汉藏各民族的装饰文化特征。大雄宝殿建筑一层为藏式平顶建筑形式，屋顶四角缀镏金经幢和黑色苏力德，是宗教文化与民族文化的典型代表，二层则为歇山式建筑，正脊置宝瓶，两侧为黄琉璃刻龙鸱吻，样式精美。檐下斗栱、梁枋、栱眼壁的彩画等级较高，沥粉贴金，给人金碧辉煌之感，装饰纹样也十分饱满多样，是敕建召庙的集大成之作。内部装饰保存完好，具有较高的历史价值，柱体上的盘龙雕功卓越，张牙舞爪，塑造出庄严氛围，也是蒙汉文化交融的突出体现。菩提过殿为汉式建筑形式，前殿为卷棚屋顶，后殿为歇山顶，垂脊上的立体镏金行龙装饰生动威武，不仅在内蒙古地区，就是中原地区也是十分少见的形式。

大召

『大召大雄宝殿』

①-1 宝瓶装饰

①-2 苏力德、经幢装饰

①-3 鸱吻装饰

②-1 挑檐枋、平板枋、额枋、雀替装饰

②-2 窗装饰

①-4 套兽、走兽、戗兽装饰

②-3 铜饰装饰

②-4 柱装饰

②-5 挑檐枋、斗栱、栱眼壁、平板枋、额枋、雀替装饰

『大雄宝殿内檐装饰』

内檐 天花装饰

内檐 枋装饰

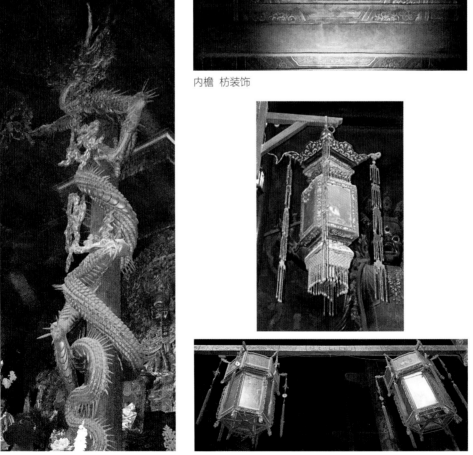

内檐 柱装饰　　　内檐 灯装饰　　　内檐 柱装饰

『大召乃春庙』

②-1 挑檐桁、挑檐枋、柁墩、平板枋、额枋、雀替装饰

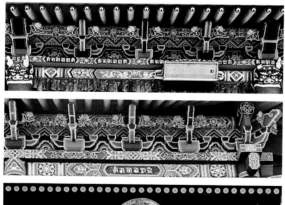

②-3 铜饰装饰

①-1 正脊、垂脊、戗脊装饰

①-2 走兽、戗兽装饰

①-3 苏力德、经幢装饰

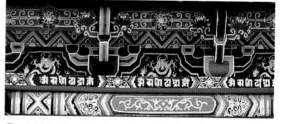

②-2 挑檐桁、挑檐枋、斗栱、栱眼壁、平板枋、额枋装饰

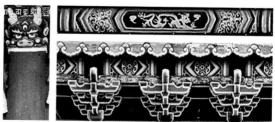

②-4 柱装饰

『乃春庙内檐装饰』

内檐　檐檩、檐垫板、檐枋、雀替装饰

内檐　天花装饰

内檐　匾额装饰

内檐　柱装饰

内檐　壁画装饰

『大召菩提过殿』

①

②

③

①-1　鸱吻、苏力德装饰

①-2　套兽、走兽、戗兽装饰

①-3　垂脊装饰

②-1　祥麟法轮、经幢装饰

①-4　宝瓶装饰

②-3　平板枋、额枋装饰

②-2　斗栱、栱眼壁、挑檐枋、平板枋、额枋装饰

②-5　门装饰

②-4　窗装饰

2．席力图召

　　席力图召位于内蒙古自治区呼和浩特市玉泉区，席力图系蒙古语，意为"首席"或"法座"，汉名"延寿寺"，寺庙因四世达赖的老师第一世席力图活佛长期主持此庙得名。席力图召院落面积13160平方米，房屋建筑面积约5000平方米[4]。明万历十三年（1585年），始建席力图召前身。明万历九年（1581年），新建寺院西侧的古佛殿。清康熙三十三年（1694年），席力图四世扩修寺院。清咸丰九年（1859年），席力图九世重修寺庙。今呈现的席力图召已经历次修缮。

　　席力图召整体建筑风格为汉藏结合式建筑。建筑装饰融合蒙、汉、藏文化特征，样式精美。以大经堂为例，大经堂是一座藏式平顶建筑，屋顶正中置镏金法轮，左右两侧为双鹿、经幢、宝瓶装饰。屋檐下彩绘绘有火焰宝珠以及"福、禄"吉祥用语，表达了人们对美好生活的追求。正中为清廷御赐满、蒙、汉、藏四种文字"延寿寺"匾额，文字四周金龙盘绕于祥云之中，雕刻精美。大经堂的柱体是十分典型的藏式风格，梁托上以盘绕卷草纹为主，下面缀多层纹样。内檐的彩画内容十分丰富，尤其是藻井内部的坛城装饰，艳丽多彩，天花多以蓝色为底，四角绘卷草、哈木尔，中间绘龙凤、牡丹等纹样，表现出不同民族文化间的交流融合。

席力图召

『席力图召大经堂』

②-1 椽、梁、穿插枋装饰

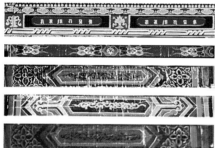

②-2 门装饰

③-1 栏杆、台基装饰

②-3 匾额装饰

②-4 铜饰装饰

②-5 门装饰

①-1 鸱吻、经幢装饰

②-6 栏杆装饰

②-7 墀头、②-8 梁托、柱装饰
山墙装饰

『大经堂内檐装饰』

内檐 门装饰

内檐 梁托、柱装饰

内檐 椽、梁装饰

内檐 天花装饰

内檐 柱装饰　　内檐 藻井装饰

①-1 正脊、戗脊装饰

②-1 挑檐桁、斗栱、平板枋、额枋装饰

②-2 斗栱、栱眼壁装饰

内檐 枋装饰

内檐 枋、雀替装饰

内檐 天花装饰

①-2 经幢装饰

内檐 柱装饰

内檐 柱装饰

①-3 正脊装饰

①-4 瓦当、滴水、椽、梁装饰

②-3 梁托、柱装饰

②-4 门装饰

3．五塔寺

五塔寺，位于内蒙古自治区呼和浩特市玉泉区五塔寺后街，原是藏传佛教召庙慈灯寺内的一个建筑。1964 年被列为自治区级的重点文物保护单位。五塔寺为小召 3 座属庙之一，系雍正与乾隆时期在归化城新建的呼和浩特掌印扎萨克达喇嘛印务处所辖 5 座属庙之一。清雍正五年（1727 年），初建该寺。清雍正十年（1732 年）该寺以一座金刚宝座塔著称。

五塔寺金刚宝座塔的砖石结构（琉璃作挑檐）是全国少有的一种古塔形式，全塔由塔基、高方台金刚座、顶部五个玲珑宝塔和罩亭三部分组成，总高 16.5 米。布满五塔整个表面的 1563 尊佛像、菩萨、菩提、景云、四大天王及七珍八宝图案的砖雕，极为精巧，栩栩如生。拱门上蒙、汉、藏三种文字的石匾额和金刚座上的蒙、藏、梵三种文字的经文雕刻笔法纯熟，端正有力。五塔寺内除金刚宝座塔外其余建筑都为新建建筑，建筑形式均为汉式。

五塔寺金刚宝座塔

『五塔寺金刚宝座塔』

一层塔身装饰

门装饰

二层塔身装饰

二层塔基装饰

二层瓦当、滴水装饰

二层塔身装饰

二层门装饰

『五塔寺大日如来佛殿』

① ② ③

①-1 鸱吻装饰

①-2 脊刹装饰

①-3 饯兽、走兽、套兽装饰

②-1 雀替装饰

②-2 挑檐枋、斗栱、栱眼壁、平板枋、额枋装饰

②-3 平板枋装饰

②-4 挑檐枋、斗栱、栱眼壁、平板枋、额枋装饰

②-5 大额枋、由额垫板、小额枋装饰

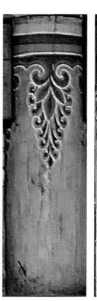

②-6 二层柱装饰 ②-7 一层 ②-8 门装饰
　　　　　　　 柱装饰

『五塔寺度母殿』

② -1 柱装饰

① -1 正脊装饰

② -2 祥麟法轮装饰

② -3 边玛墙装饰

① -2 吻兽、走兽、套兽装饰　　① -3 瓦当、滴水、飞椽装饰

② -4 梁装饰

② -5 窗装饰　　　　　　② -6 门装饰

4. 乌素图召

乌素图，蒙语意为"有水的地方"。该召坐落在大青山南麓，呼和浩特市郊区攸攸板乡乌素图村西沟口的台地上。乌素图召是藏传佛教召庙庆缘寺、长寿寺、法禧寺、广寿寺、罗汉寺五座寺院的总称。五座寺院在 12000 平方米范围内毗邻相连，宏伟壮观。

乌素图召建筑风格为汉藏结合式，建筑装饰样式融入汉、藏、蒙多元文化形式。乌素图召庆缘寺由两进院落组成，大雄宝殿是一座汉藏结合式建筑，二层歇山式重檐屋顶，建筑屋顶正脊中央置宝瓶，两侧为鸱吻，垂脊上布有五尊走兽。整体建筑施红白两色，檐下梁枋彩画多以青绿色为底，形式以旋子彩画构图形式为主，多处用金说明其等级较高，枋心内绘制有锦文与梵文，一层的柱体两侧雀替形式十分少见，为绿色波状外形，别致清雅。二层围栏栏杆上饰以"佛八宝"元素，突出宗教氛围。乌素图召法禧寺大雄宝殿为三层藏式建筑，建筑屋顶饰绿色琉璃瓦，与法禧寺功能等级相关，建筑整体装饰形式为藏式装饰。

乌素图召

『乌素图召庆缘寺大雄宝殿』

①-1 鸱吻、正脊、脊刹装饰

①-2 戗兽、走兽、套兽装饰

②-1 窗装饰

①-3 瓦当、滴水、飞椽装饰

②-3 一层额枋、雀替装饰

②-2 二层挑檐桁、斗拱、拱眼壁、平板枋、额枋装饰

②-4 檐装饰

②-5 二层挑檐桁、挑檐枋、平板枋、额枋装饰

乌素图召长寿寺大雄宝殿

①-1 正脊装饰

①-2 戗兽、走兽、套兽装饰

②-1 一层檐檩、檐垫板、柁墩、檐枋装饰

②-2 栏杆装饰

②-3 雀替装饰

②-4 柱装饰

②-5 二层檐檩、檐枋装饰

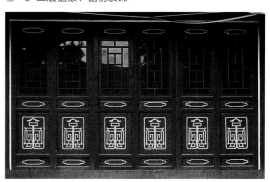

②-6 门装饰

『乌素图召法禧寺大雄宝殿』

①-1 鸱吻、脊刹装饰

①-2 龅兽、走兽、套兽装饰

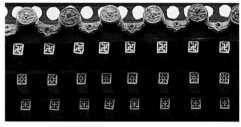

①-3 瓦当、滴水、飞椽装饰

②-1 二层枋、梁装饰

②-3 边玛墙装饰

②-2 一层枋、梁装饰

②-4 栏杆装饰

②-5 梁托、柱装饰

②-6 窗装饰

②-7 门装饰

5. 和硕恪靖公主府

　　和硕恪靖公主府位于内蒙古自治区呼和浩特市新城区，是清代皇家公主与外藩蒙古喀尔喀部联姻后所建府邸，始建于雍正年间。公主府迄今已有 300 余年的历史，是呼和浩特市保存最完好的一处典型的清代四合院建筑群。在公主府敕建背景的促使下，公主府附近形成了融满、蒙、汉民聚居生活区"府兴营"，对于呼和浩特地区城市文化格局的形成具有重要意义[20,21]。

　　和硕恪靖公主府整体建筑布局是一套四进六院的府邸，前朝后寝。院落由南向北依次排列有前殿、大殿、仪门、公主的寝殿，建筑空间序列等级鲜明。和硕恪靖公主府建筑属于典型的大式木构架建筑形式，其建筑风格采用传统官式建筑风格，府内单体建筑的大木构架和施工技术具有明末和清代早期的建筑艺术特征，建筑风格朴实，装饰素雅。府内的厅堂、宫殿等建筑雄伟壮观，方正对称，格局协调。建筑装饰方面，府内主体建筑硬山屋顶上置有五脊六兽，建筑彩画样式以旋子彩画形式居多，且等级较高的建筑上枋心绘有贴金龙纹。仪门雀替装饰形式十分精美，为镂空卷草纹木雕样式，勾勒金边，具有浓厚的汉族文化特色。

和硕恪靖公主府

『和硕恪靖公主府　府门』

①

②

③

①-1 鸱吻、坐兽、垂兽装饰

②-1 墀头装饰

②-2 铺首装饰

②-5 柱装饰

②-3 门簪装饰

②-4 檐檩、檐垫板、檐枋、雀替装饰

②-6 抱头梁、穿插枋装饰

『和硕恪靖公主府　仪门』

①

②

③

①-1 鸱吻装饰

①-2 垂兽、蹲兽装饰

②-1 西侧墀头装饰

②-2 檐檩、檐垫板、檐枋装饰

②-3 门装饰

②-4 窗装饰

『和硕恪靖公主府 寝宫』

① ② ③

①-1 垂兽、蹲兽装饰

②-1 西侧墀头装饰

②-2 瓦当、滴水、椽装饰

②-3 檐檩、檐垫板、檐枋装饰

②-4 柱、雀替装饰

②-5 抱头梁装饰

②-6 穿插枋装饰

②-7 门窗装饰

6. 锡拉木伦庙

　　锡拉木伦庙位于内蒙古自治区乌兰察布市四子王旗红格尔苏木驻地，建于清乾隆二十三年（1758 年），后陆续扩建。清嘉庆元年（1796 年），清廷赐名"浩特勒·额伊勒图苏莫"，汉语译"普和寺"[4]。锡拉木伦庙在历史上曾管辖过清朝察哈尔、绥远地区数十旗和青海部分地区的佛教寺庙事务，因而号称"塞北拉萨"。西拉木伦庙曾有过殿宇、经堂等 15 座，僧房 200 多处，但陆续损毁。现存显宗殿、密宗殿、护法殿 3 座殿宇与部分僧舍。现存殿宇全部是藏式风格，建筑墙体厚重、红白两色涂饰，窗小而高，建筑屋顶中央置祥麟法轮装饰，两侧置经幢。外檐梁板上绘有"堆经"、梵文、万字纹等蒙藏特色装饰纹样。门的装饰十分讲究，多重彩绘图案层层叠加，门楣间则绘有二龙戏珠图案，门板上的装饰图案十分精细完整，多为金色绘"佛八宝"。现存殿宇内部空间依照藏传佛教文化进行装饰布置，经幢、经幡、帷幔俱全，柱头、梁架均绘以藏式装饰纹样，且内部空间装饰保存完好，具有重要参考价值。

锡拉木伦庙

①

②

①-1
经幢装饰

①-2 祥麟法轮装饰

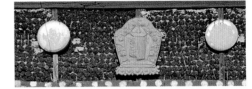

②-1 铜饰

②-2 窗装饰

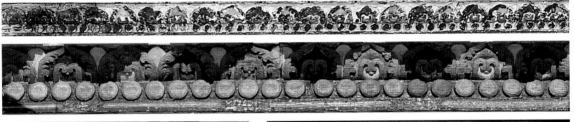

②-3 梁装饰

②-4 梁托、柱装饰

②-5 门装饰

『锡拉木伦庙密宗殿』

① -1
经幢装饰

① -2 祥麟法轮装饰

① -3 铜饰

② -1 墙装饰

② -2 窗装饰

② -3 梁托装饰

② -4 梁装饰

② -5 柱装饰　② -6 门装饰

7. 乌兰察布市隆盛庄

隆盛庄位于内蒙古自治区乌兰察布市丰镇市东北部，辖地面积 421 平方千米，居住着汉、蒙、回、满等 12 个民族的居民。隆盛庄曾经是庙子沟新石器时代人类生活聚居的地方。汉代就有戍边营落驻居，明洪武二十九年（1396 年），不断有晋人陆续迁徙至此，耕种屯粮，人口日益增多。清乾隆三十年（1765 年），清政府在此招民认垦设庄后，由于沃土广衍，河泽相通，适宜耕牧，晋中、陕甘迁来定居的人不断增加，乾隆末年嘉庆初年，呈现出商贾成群、四通八达的繁荣景象，当时人们期盼兴隆昌盛，故取名"隆盛庄"[23]。

隆盛庄从清道光至光绪年间已发展到鼎盛时期，清朝中叶，发展为塞外重要的军事要隘和旅蒙、旅俄贸易的中心城镇，曾被誉为"绥东第一镇"，成为草原文化、农耕文化、商贸文化碰撞交融发展的典型代表，也是见证民族融合的代表地区。隆盛庄地区民居总体布局比较规整，院落大多为三合院或四合院形式。民居的屋顶绝大多数为硬山屋顶，不向外悬挑，只到两端山墙为止，屋顶瓦为灰瓦。民居门楼现存有金柱大门、如意门、中西式墙门等形式，门楼依据建筑结构形式，呈现出各具特色的装饰形式。院落中多设影壁，建筑材料主要有砖、石材等，中心和四角用砖雕成吉祥词或花卉，影壁上部装筒瓦，用砖砌成歇山式、硬山式盖顶。

隆盛庄民居

『隆盛庄　76 号院』

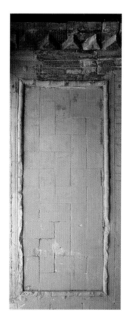

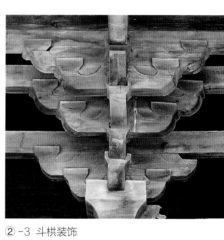

②-3 斗栱装饰

②-1 墀头装饰　　　　　　　　　　②-2 墙面装饰

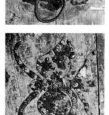

②-4 门装饰

『隆盛庄　丁四车马大店正房』

① ② ③

①-1 垂脊、瓦当、滴水装饰

①-2 博风板装饰

②-1 墀头装饰

②-2 柁墩装饰

②-3 柱础装饰

②-4 窗装饰

『隆盛庄 52 号院门』

①

②

②-1 墙头装饰

②-2 门装饰

②-3 墙面装饰

8. 汇宗寺

　　汇宗寺藏名"呼和苏默"，意为青庙，因其殿顶覆以青蓝色琉璃瓦得名。汇宗寺位于内蒙古自治区锡林郭勒盟多伦县城关镇北部，是清朝政府敕建，章嘉活佛住持统领内蒙古地区喇嘛教宗教事务的寺院，包括主庙汇宗寺、章嘉活佛仓及善因寺三组建筑群。汇宗寺始建于清康熙三十年（1691年）。清康熙四十年（1701年），参照永宁寺的形式对汇宗寺进行装饰。是年，在原有基础上进行油饰彩画。清康熙五十一年（1712年），汇宗寺工程完工。清咸丰六年（1856年），大雄宝殿因失火被烧毁。清咸丰十一年到清同治三年（1861～1864年），重建大雄宝殿，庙顶换为普通青筒板瓦[4,24]。

　　该寺现存古建筑有山门、天王殿、后殿以及较完整的章嘉活佛仓院落。汇宗寺的整体建筑风格为汉式风格，山门、天王殿均有斗栱，外形庄严宏丽，形制极高。汇宗寺各个庙仓砖瓦饰品皆以汉地传统的造型样式为主，兼有地方民族特色，施在建筑屋脊上的吻兽、垂兽、异兽、瓦当、滴水等砖瓦饰品为传统样式。吻兽为汉地传统的"鸱吻"样式，以高浮雕的手法表现；瓦当图案以狮、虎、福、寿、花卉等图案居多，既有阴刻，又有阳雕，纹饰恰到好处，品相十分精美。汇宗寺最为突出的是彩绘题材广泛，内容丰富，形式多样，在建筑的额枋、藻井、天花等处绘有佛教题材内容的佛祖画像、梵文、六字真言、八宝祥瑞等装饰纹样，额枋上点缀以中国传统的山水、人物、花草、鸟兽等图案，在建筑的雀替、枋头、斗栱等处，绘有蒙古族喜爱的祥云、花草、水火等表示吉祥的彩绘，梁架以和玺彩绘为主，多以蓝、绿色衬底，用金漆勾画，绘龙画凤。

汇宗寺

①-1　鸱吻装饰

①-2　戗兽、走兽装饰

②-1　霸王拳装饰

②-2　檐檩、斗栱、栱眼壁装饰

②-3　额枋装饰

②-5　门装饰

②-4　檐檩装饰

②-6　窗装饰

内檐 额枋装饰

内檐 檐檩、斗栱、栱眼壁、枋装饰

『汇宗寺大雄宝殿』

① -1 鸱吻装饰

① -2 祥麟法轮装饰

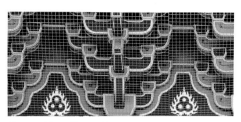

② -1 斗栱、栱眼壁装饰

① ② ③

② -2 雀替装饰

① -3 戗兽、走兽装饰

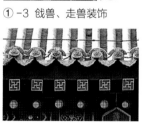

① -4 瓦当、滴水、飞椽装饰　② -3 廊内天花装饰　② -4 柱装饰　② -5 门装饰

② -6 连檐垫板装饰

② -7 额枋装饰

『大雄宝殿内檐装饰』

内檐 天花装饰　　　　　　　　内檐 额枋装饰

『汇宗寺章嘉仓大雄宝殿』

①-1 鸱吻装饰

①-2 戗兽、走兽装饰

②-1 窗装饰

②-2 门装饰

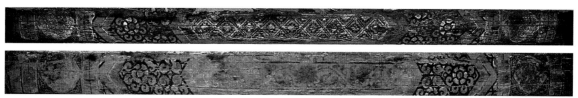

②-3 外檐额枋装饰

②-4 斗栱、栱眼壁装饰

内檐 柱装饰

内檐 额枋装饰

①-1 饯兽、走兽装饰

①
②
③

②-1 檐檩装饰

②-2 连檐垫板装饰

②-3 平板枋装饰

②-4 檐檩、平板枋、额枋装饰

②-5 额枋装饰

②-6 檐檩、平板枋、额枋装饰

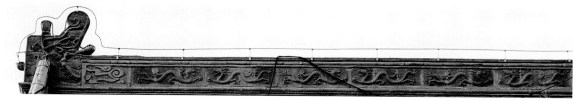

①-1 鸱吻、正脊装饰

①-2 戗兽、套兽装饰

①-3 戗脊、戗兽装饰

①-4 脊刹装饰

②-1 雀替装饰

②-2 檐檩、平板枋、额枋装饰

②-3 廊内装饰

②-4 门装饰

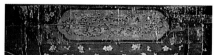

②-5 廊内梁装饰

9．善因寺

善因寺位于内蒙古自治区锡林郭勒盟多伦县城西北处。蒙古语称"锡拉苏默"，意为"黄庙"，因庙顶覆以黄色琉璃瓦而得名，又因其位于汇宗寺西，俗称"西大仓"。占地面积412.5亩（约275000平方米）。清雍正五年（1727年），雍正帝下达谕书，同时建造多伦诺尔的善因寺与喀尔喀的庆宁寺，由工部营造所设计。据史料记载，嘉庆二十二年（1817年），对善因寺进行修缮，将殿宇分别揭瓦勾抿，海墁城砖改用条砖，油漆彩画过色见新，进行大楼金柱四面添用抱柱等工程。在西首处建盖房屋。遗憾的是在1926～1971年间遭受毁坏、拆除 [4,25]。

据记载，善因寺比与之遥相呼应的汇宗寺更加壮观。善因寺山门两旁是四角飞檐的鼓楼和钟楼，里面置有铜钟巨鼓。越过山门是重檐叠顶的大雄宝殿，殿堂两旁各有一座5米高的汉白玉雕成的盘龙龟驮石碑。善因寺殿宇均为木架结构，整体造型十分美观精致，别具一格，殿顶覆盖着黄绿色琉璃瓦。其装饰形式多为汉式装饰，枋间的旋子彩画及绘制的龙凤纹样表现出其皇家寺院的装饰形制。现在仅可以通过山门、护法殿上的木雕、彩画遗存等来考证其历史模样了。

善因寺

『善因寺山门』

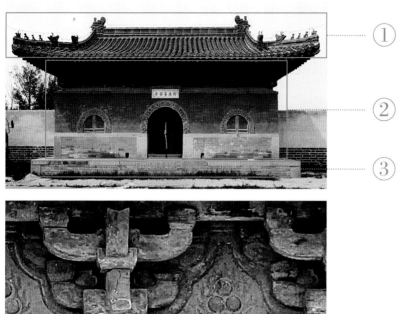

①

②

③

②-1 窗装饰

②-3 门装饰

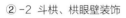

②-2 斗栱、栱眼壁装饰

『善因寺护法殿』

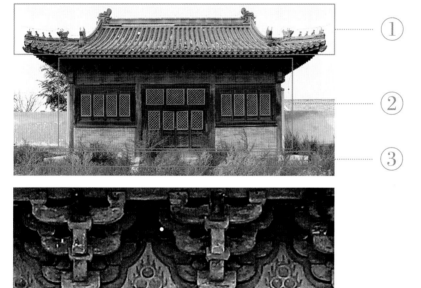

①

②

③

②-1 斗栱、栱眼壁装饰

②-2 山花装饰

②-3 门装饰

『善因寺钟楼』

①-1 鸱吻装饰

①-2 饯兽、走兽装饰

②-1 二层斗栱、平板枋、额枋装饰

②-2 门装饰

②-3 一层斗栱、栱眼壁、平板枋、额枋装饰

10．锡林郭勒山西会馆

　　山西会馆坐落于内蒙古自治区锡林郭勒盟多伦县城老城区西南角，又叫"伏魔宫"。因其供奉关云长，所以当地人又称其为"关帝庙"。山西会馆临街而置，坐北朝南，现占地面积5000平方米，建筑面积1800平方米。四进院落，有牌楼三座，大山门、下宿、大戏楼、钟鼓楼各一座，以及二山门、配殿、东西长廊、东西厢房、正大殿，房屋百余间。清乾隆十年（1745年），山西籍客商集资兴建山西会馆，1913～1914年，进行了重新修缮。2000年，开始维修残损部分，原样陆续恢复[26]。

　　山西会馆建筑规模宏大，布局紧凑合理，主要建筑都在一条中轴线上，形成有纵深、有层次、左右对称的古建筑群落，整体布局、外观别具一格。单体建筑以砖木结构为主，木刻、石刻、檐下柱梁、斗栱雕刻精美，栩栩如生。前后檐下均绘精美彩画，彩画内图案有民间故事和禽兽花鸟，故事题材以三国故事为主。殿内明间托梁上还保留着各种人物故事、花鸟、禽兽装饰图案，堪称民间雕刻、绘画艺术之佳作。

山西会馆

『山西会馆 仪门』

① ②③

①-1 戗兽、坐兽装饰

①-2 正脊、鸱吻装饰

②-1 东侧墀头装饰

②-2 西侧墀头装饰

②-3 斗栱装饰

②-4 枋装饰

②-6 门装饰

②-5 窗装饰

『山西会馆 关公殿』

②-5 墀头装饰

①-1 正脊、鸱吻、垂兽装饰

②-6 山墙装饰

②-2 檐檩、檐垫板、檐枋装饰

②-3 窗装饰

②-4 门装饰

②-1 柱装饰

『山西会馆 戏楼』

①

②

③

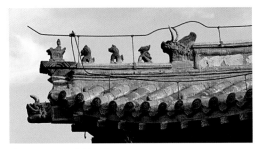

①-1 饕餮、坐兽装饰

②-1 檐檩、檐垫板、檐枋、雀替装饰

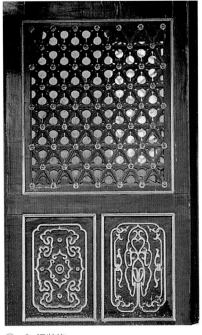

②-2 门装饰

②-3 柱装饰

③-1 台基装饰

4.3 西部地区传统建筑装饰

4.3.1 区域概况

　　内蒙古自治区西部地区位于内蒙古高原的西部，祁连山脉的北部，根据地理、人文等因素进行划分后，西部地区包括阿拉善盟、巴彦淖尔市、鄂尔多斯市、乌海市以及包头市共5个盟市，属于我国西北地区。

　　西部地区以巴彦淖尔、阿拉善高原和鄂尔多斯高原为主，具有复杂多样的地形地貌。巴彦淖尔、阿拉善高原平均海拔1000～1500米，地势缓向北倾，地面相对起伏不大，多被高100～500米的丘陵山地分割成许多单独宽广的内陆盆地 [27]。鄂尔多斯高原西、北、东三面被黄河所环绕，南部接陕、晋、宁黄土高原，海拔1100～1500米。由于气候干燥，风化现象严重，沙漠和戈壁面积辽阔，因此土石成为当地主要建筑材料，建筑表面肌理粗犷 [28]。河套平原是内蒙古西部地区主要农耕地带，介于阴山和鄂尔多斯高原之间东西走向的沉积盆地，地势平坦，海拔在900～1100米之间 [29]。由于河套地区受农耕生活影响的因素，这里形成了更加集中的民居聚落形式。

　　内蒙古西部地区气候是典型的温带大陆性气候，具有年降水量少而不匀、风大、日照充足，寒暑变化剧烈的特点。春季气温骤升，多大风天气；夏季短促而炎热，降水集中；秋季气温剧降，霜冻往往早来；冬季漫长严寒，多寒潮天气。由于气候影响，西部地区的传统建筑以冬季防寒保温为主，形成窗洞南大北小的建筑特点。在地理位置方面，整个内蒙古西部地区与甘肃省、宁夏回族自治区、陕西省相邻，向北与蒙古国接壤。历史上多次区域划分的变迁、人口的迁移、地理环境的相似等因素导致内蒙古西部地区与甘肃省、宁夏回族自治区、陕西省等地的文化产生多种交融现象，在建筑方面同样受到近地域文化的影响，呈现出一定的相似性。

内蒙古西部地区以蒙古族为主体，汉族人口占多数。西部地区的5个盟市之中，包头市由于历史上多次汉族人口迁入，汉族人口数所占比例最高，达到94.31%，因此包头市的文化环境中受到汉文化影响最大。西部地区中，阿拉善盟蒙古族人口所占比例最大，达到19.30%，蒙古族文化特征显著。

内蒙古西部地区的民族文化方面，蒙古族文化仍是较为凸显的文化类型。这里蒙古族的传统活动有祭敖包和那达慕大会等，活动项目早期只有骑马、摔跤、射箭等，后来逐渐增加，日益丰富。西部地区的传统饮食比较粗犷，以羊肉、奶食、野菜及面食为主，阿拉善地区的烤全羊十分出名，筱面是西部地区常见的饮食类型。流传在鄂尔多斯草原上的蒙古族婚礼独具民族特色，成吉思汗陵祭祀也是鄂尔多斯地区独特的文化组成部分。

宗教文化方面，内蒙古西部地区主要宗教信仰有：佛教（包括藏传佛教和汉传佛教）、伊斯兰教、基督教（包括天主教和基督新教）。西部地区是内蒙古藏传佛教传入较早的地区，因此西部地区佛教建筑大多以藏地建筑形式为蓝本，蒙藏文化特征明显。阿拉善地区的回族移民由于宗教信仰的缘故在与蒙古族穆斯林长期生活的过程中逐渐演变为蒙古族穆斯林，因此，阿拉善盟成为蒙古族穆斯林的主要聚居地。西部地区基督教传入年代可追溯到蒙元时期，早在13~14世纪就有部分蒙古人信奉基督教，当时被蒙古人称为"也里可温教"。20世纪中叶以后，考古工作者在阿拉善盟额济纳旗、鄂尔多斯市的准格尔旗、乌审旗等地区，陆续发现元代基督教遗存（墓碑、十字架牌饰等），更加证实这一观点[27]。

民族文化交流方面，自明、清时期，长城以南的山西、陕西北部、河北及邻近地区的居民因经商或谋生而向长城外内蒙古地区的移民活动，导致大量汉族人口涌入鄂尔多斯、包头等地，大大改变了内蒙古地区的人口构成、社会结构、经济结构和生活方式。同时，占移民比例较高的山西移民，作为晋文化传播的主要载体，将山西当地文化带到内蒙古中西部地区，在当地形成富有浓郁山西本土特色的移民文化。晋文化作为农耕文化的一部分，通过人口迁移，与当地的游牧文化相融合，对促进内蒙古地区以农耕为主的民居聚落形成具有重要推动作用[29]。此外，"传教移民"也是内蒙古西部地区汉族人口迁移的原因之一，基督教传教士通过给予各地汉族灾民生活所需的物资，或以帮助他们成家立业等办法来吸引他们入教，并且将他们聚集在某一地区定居进行传教，促使汉族民居聚落的形成[30]。

历史上，阿拉善盟与宁夏地区有着紧密的联系。阿拉善周边地区居民受到伊斯兰教文化信仰、习俗的影响，在阿拉善地区建造了一批清真寺。阿拉善定远营地区行政上也曾两次隶属于宁夏：明洪武九年（1376年）明朝始置宁夏卫，控制范围包括定远营所在地区。因此，宁夏地区的建筑文化逐渐融入阿拉善定远营地区（今阿拉善盟阿左旗），主要体现在单体建筑形制上，定远营内的建筑大多厚墙、平顶、土坯材质，屋内布置有火炕，在民居建筑中表现尤为明显，这些都是宁夏地区建筑的典型特点[29]。

4.3.2 西部地区传统建筑装饰形式

1. 广宗寺

广宗寺又称"南寺",藏文称作"噶丹旦吉林",意为"兜率广宗洲",位于内蒙古自治区阿拉善盟阿拉善左旗境内,贺兰山主峰巴音森布尔西北侧。广宗寺为原阿拉善和硕特旗寺庙,位居阿拉善三大寺庙系统及八大寺庙之首,是六世达赖喇嘛的寺院,以供奉六世达赖仓央嘉措灵塔而著称。广宗寺始建于清乾隆二十一年(1756年),雏形为一座弥勒佛殿,扩建成9间,并在原有旧址上修建49间经堂,清廷御赐蒙、汉、满、藏四种文字"广宗寺"匾额。清道光八年(1828年),修建81间的大经堂和49间的密宗僧院大殿。1863年、1865年新增两处建筑。清同治八年(1869年),除时轮大殿和金刚亥母殿外其余殿宇几乎全部被烧毁。1913年,修缮扩建六世达赖灵塔祀殿。1966年,广宗庙遭到破坏,寺中喇嘛几乎全部还俗。达西尼玛的木刻技艺尤为精湛,曾为广宗寺各殿堂及喇嘛住房的木柱、隔扇、屋檐、栅栏镌刻各种动物及山水、草木、花卉图案,但也在同期被毁。20世纪70~80年代恢复重建,1999年重新修建六世达赖纪念塔,并进行开光。2000年5月又开始动工修建赞康和黄楼庙[31,32]。

广宗寺整体建筑气势宏伟,富丽堂皇。建筑装饰风格以藏式为主,同时结合汉式的装饰风格,黄琉璃瓦盖顶,依山建造,集蒙藏汉寺院之大成。位于黄楼庙和大经堂西北隅的一双白塔是广宗寺现存最古老的建筑,也是唯一一座历经岁月劫难而有幸残存下来的藏式双塔,堪称古迹。1989年修复后的大经堂顶部为圆攒尖顶,覆黄琉璃瓦。由画家领诵师希拉布甲木苏和罗卜桑拉布坦完成了大经堂的彩画工程,整体彩画用色鲜艳,彩画纹样构图丰富、紧凑,纹样题材以植物纹为主,也有龙纹及六字真言装饰出现。

广宗寺

『广宗寺大经堂』

①-2 祥麟法轮装饰

②-3 雀替装饰

②-5 梁托、柱装饰

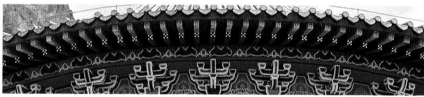

①-1 椽、雀替、拱眼壁装饰

①-3 经幢、宝顶装饰

②-4 椽、梁装饰

③-1 御路装饰

②-1 门装饰

②-2 梁装饰

内檐 梁装饰

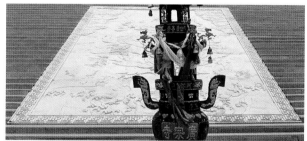

『广宗寺黄楼庙』

① ② ③

①-4 壁画、悬鱼、戗脊装饰

①-1 正脊、戗脊装饰

①-5 走兽、套兽装饰

①-2 经幢、边玛墙、铜饰装饰

①-6 瓦当、滴水、椽装饰

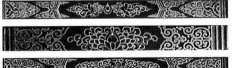

②-1 梁装饰

①-3 祥麟法轮装饰

②-2 壁画装饰

内檐 梁托装饰

②-3 窗装饰　②-4 门装饰　②-5 柱装饰

②-6 门装饰

『广宗寺弥勒佛殿』

① ② ③

①-1 走兽、套兽装饰

①-2 悬鱼装饰

①-3 祥麟法轮、正脊、鸱吻、宝瓶装饰

①-4 正脊、边玛墙装饰

②-2 挑檐枋、平板枋、额枋、梁装饰

弥勒佛殿侧面

②-1 门装饰

内檐 梁、梁托装饰

②-3 瓦当、滴水、椽装饰

②-4 梁装饰

②-5 梁托、柱装饰

②-6 壁画装饰

②-7 门装饰 内檐 天花装饰

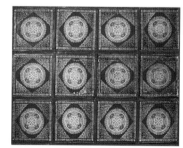

③-1 台基装饰

2．福因寺

福因寺，又称"福荫寺"，藏语名"格图布楞"，俗称"北寺"，位于贺兰山北部。为阿拉善地区八大寺之一，由阿拉善王之子皈依六世班禅后创建于清嘉庆九年（1804年）。嘉庆十一年（1806年）阿拉善和硕亲王玛哈巴拉（1760～1832年）上报清廷理藩院，赐名"福因寺"。始建时共有庙宇15座，屋893间，加上扎仓，共1498间，占地面积0.3平方千米。清光绪三年（1877年）封号为"道布曾呼图克图"的喇嘛复修部分庙殿。1932年，阿拉善旗第十任亲王达理扎雅（1906～1968年）捐资修缮正殿，使这座拥有99间房舍的三层殿宇更加宏伟壮丽[33-35]。

福因寺（北寺）是阿拉善盟地区仅次于南寺的一座大庙，现有大小庙宇15座，建筑物百余栋。主庙旁置双白塔，各高10米，两者遥遥相对。寺庙周围丘陵起伏，山泉环绕。福因寺建筑整体风格为汉蒙藏结合式，最典型的建筑为阿拉善殿，此殿采用三个蒙古包穹顶，前廊藏式柱体以及汉式斗栱造型，红绿色彩画搭配白色穹顶，白色墙壁，是汉蒙藏文化完美结合的典范，入口处建筑的正脊两侧装饰有跪卧的骆驼，在其他地区较为少见，确与阿拉善地区特色相吻合。福因寺的大经堂位于整个建筑群的中心位置，为重檐歇山式建筑，正脊中心置宝瓶，两侧配有走兽、套兽装饰，檐下梁枋用彩绘和经堆进行装饰，风格华丽精美。大经堂的台基采用长长的御路装饰，显得整个建筑大气雄壮。整个建筑群的装饰纹样与宗教、民族文化相融合，出现了包括佛八宝、祥麟法轮、八字真言、卷草纹、哈木尔纹、莲花纹等装饰题材，为整个召庙营造了浓厚的地域文化氛围。

福因寺

『福因寺大经堂』

① ② ③

①-1 正脊、垂脊、戗脊装饰

①-2 祥麟法轮装饰

①-3 悬鱼装饰

①-4 走兽、套兽装饰

②-1 梁装饰

①-5 边玛墙、经幢装饰

③-1 御路装饰

②-2 柱、梁托装饰

① ② ① ② ③

①-1 瓦当、滴水、椽装饰

①-2 正脊装饰

②-3 梁装饰

①-3 屋顶装饰

②-1 斗栱、栱眼壁装饰

②-2 梁装饰

②-4 门、梁托装饰

②-5 梁托、柱装饰

②-6 门装饰

3. 延福寺

　　延福寺，藏名"格吉楞"，俗称"衙门庙"，位于内蒙古自治区阿拉善盟巴彦浩特镇王府街北侧。其前身为三世小庙，为原阿拉善和硕特旗寺庙，始建于雍正九年（1731年）。系阿拉善三大寺庙系统及八大寺庙之一，也是阿拉善地区建立最早的藏传佛教寺院。清朝乾隆二十五年（1760年），清廷御赐满、蒙、汉、藏 4 种文字"延福寺"匾额。1784～1932年，多次对召庙进行新建、修缮、扩建[4,31,36]。

　　延福寺整体布局以中轴线贯穿，是典型的汉式寺院的对称布局方式，具有基本的朝拜、祭祀等功能。整个庙宇总面积达 6700 平方米，其中殿堂 282 间。寺庙内有大经堂、如来殿、配殿、钟鼓楼等殿堂。延福寺殿宇装饰精美，装饰色彩十分艳丽，尤以财神殿内外檐梁枋及雀替装饰特色鲜明，在用色方面将蓝、绿、赭石等色在梁枋彩绘中搭配出现，与清式彩画的用色方法差别较大，彩画构图中增加了枋心的比例，枋心内绘卷草纹样。内檐雀替造型与传统木构建筑中雀替造型不同，呈现长宽相等的近正方形比例关系，雀替上绘有卷草与云纹图案，底色为蓝、绿色交替出现，图案施金色。这些装饰形式体现出当地蒙汉文化的交融，地域性特征明显。

延福寺

『延福寺大雄宝殿』

①
②
③

①-1 经幢、椽、瓦当、滴水装饰

②-1 柱、梁托装饰

②-3 壁画装饰

②-4 门装饰

②-5 梁装饰

内檐 梁装饰

内檐 雀替装饰

②-2 匾额、门装饰

②-6 门装饰

②-7 梁托、柱装饰

『延福寺财神殿』

①-1 垂脊装饰

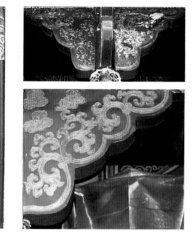

②-2 内檐 雀替装饰
柱装饰

②-1 斗栱、挑檐枋、挑檐桁、平板枋、额枋、雀替装饰

内檐 枋装饰

②-3 门装饰

②-4 山墙装饰

②-5 窗装饰

『延福寺白哈五王殿』

① ② ③

①-1 正脊装饰

①-2 垂脊装饰

①-5 鸱吻装饰

②-2 斗栱装饰

①-3 祥麟法轮装饰

①-4 经幢装饰

②-1 挑檐桁、挑檐枋、栱眼壁装饰

②-4 瓦当、滴水、椽装饰

②-5
柱装饰

②-6
穿插枋装饰

②-7 窗装饰

②-3 额枋、穿插枋装饰

4．延寿寺

延寿寺，位于内蒙古自治区阿拉善盟巴彦浩特镇，是阿拉善地区较为著名的汉传佛教寺庙。汉传佛教自 1930 年由心道法师前来弘法而传入阿拉善地区，当时即有商会积极组织举办佛事法会，之后有江西，陕西、宁夏等地高僧前来传法，信众与日俱增，后因皈依弟子日见增多，活动场所受限，信众倡议修建念佛堂，经过四处奔波化缘，建成土木结构的念佛堂。1986 年将原鲁班庙汉传佛教活动场所迁到巴彦浩特营盘山处，重新建寺。工程于 1988 年 6 月顺利破土动工，10 月建成大雄宝殿。1989 年佛教会自筹资金，上级政府拨款，建起观音殿、地藏殿、斋房、宿舍等。1991 年，完成观音菩萨、地藏王菩萨佛像雕塑彩画工作。1995 年，集资建起 3 层六角形 13.7 米高的宝塔一座。1999 年建成山门、四大天王殿、寮房、斋房；2004 年，建成钟楼、鼓楼、五方佛塔等；2007 年，新建二层斋堂楼；2009 年，建成西方三圣殿、东方三圣殿；同年迎请铜佛像 21 尊，并给所有佛像贴金；当年 9 月 19 日举办开光庆典。2014 年，建成气势恢宏的汉白玉石质山门。至此阿拉善地区的汉传佛教寺院遂成规模。

延寿寺的建筑形制为汉式寺庙建筑类型，山门正中悬"延寿寺"匾额，柱体下部通刷正红色，雀替为红色底上绘莲花卷草纹，雀替之间绘三眼吞口兽，柱础则采用莲花座的形式。正前方台基处汉白玉修祥云飞龙御路，青石点缀金黄色，显得大方庄严。延寿寺天王殿置于高台之上，台基正中置一焚香炉，这符合汉式寺庙建筑的一贯特点。廊柱漆朱红色，柱头处雀替饰行龙与卷草。延寿寺的大雄宝殿为寺内等级最高的建筑，金色琉璃瓦和 6 对走兽都是其较高等级的体现。梁枋间的彩画则较多体现出地方特色，多为青绿色地，纹饰既有旋花，又有卷草、行龙、莲花等，种类丰富多样。整个延寿寺虽为汉式风格，但是在很多纹饰上体现出蒙古族的喜好，具有鲜明的地域性特征。

延寿寺

『延寿寺山门』

①-1 正脊装饰

①-2 瓦当、滴水、椽、塻头装饰

②-3 雀替装饰

②-4 柱装饰

②-1 斗栱装饰

②-2 额枋装饰

②-5 匾额装饰

②-6 门装饰

③-1 栏杆、御路装饰

『延寿寺大雄宝殿』

①-1 走兽装饰

②-1 匾额装饰

①-2 正脊装饰

②-2 额枋装饰

②-3 斗栱、栱眼壁装饰

②-4 斗栱装饰

②-5 门装饰

②-6 门装饰

②-7 柱装饰

③-1 栏杆装饰

『延寿寺天王殿』

①-1 走兽、套兽装饰

①-2 正脊装饰

②-1 雀替装饰

②-2 斗栱、平板枋、椽装饰

②-4 柱装饰

②-3 额枋装饰

③-1 栏杆装饰

5．和硕特亲王府

和硕特亲王府，又名阿拉善王府，位于内蒙古自治区阿拉善盟巴彦浩特镇王府街北侧，旧定远营城中。阿拉善王府始建于雍正九年（ 1731 年），占地面积 2 万平方米，中路建筑由中轴线由南向北，由府门、过厅、大厅、左右厢房、后书房等建筑构成。东路建筑为王爷福晋起居生活的地方，纵深三进，中轴线上的建筑为大木硬山式，厢房则是平顶宁夏式民居形式。西路建筑为仓廪、后勤、执事所用，建筑形式以大木硬山和卷棚式建筑为主[36,37,38]。

阿拉善王府建筑皆仿官式建筑式样，画栋雕梁、典雅精致。府后原有花园，奇花异木遍植其间，楼台亭榭幽雅可观。整个王府院落按照四合院形制布局，体现了中国传统建筑的气派，同时也按照蒙古族传统喜好，将宅门向东开设，平面呈长方形，东西长，南北短。王府建筑墙体四周为白色，因此有"沙漠白宫"的美誉，这与蒙古族文化中对代表圣洁的白色推崇有关。屋顶有筒瓦覆盖，建筑墙体下厚上窄，单体建筑中大多带有前檐廊，廊上檐口斗栱用榫卯连接，并施以彩绘，廊下条砖铺地，整齐有序。建筑外檐装饰彩画，既有点金旋子彩画形式，又有独特的民族装饰纹样，整体建筑风格别致，富有地域特色。

和硕特亲王府

『和硕特亲王府 前厅』

②-1 东侧墀头　②-2 檐檩、檐垫板、檐枋、雀替装饰　②-3 柱装饰　②-4
装饰　　　　　　　　　　　　　　　　　　　　　　　　　　　　　　　门装饰

『和硕特亲王府 前厅西厢房』

②-1　柱　②-2 窗装饰　　　　②-3 门装饰
装饰

『和硕特亲王府　中厅』

①

②

②-1 门、窗装饰

①-1 女儿墙装饰

②-2 墙面装饰

『和硕特亲王府 达理札雅新殿』

① ② ③

①-1 屋顶装饰

东侧建筑装饰

西侧建筑装饰

②-1 窗装饰

②-2 门装饰

②-3 墙面装饰

②-4 檐檩、檐垫板、檐枋、雀替装饰

『和硕特亲王府 西厢房』

②-1 东侧墀头装饰

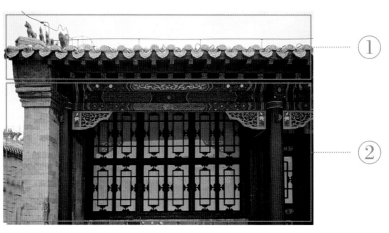

① ②

6. 阿拉善盟定远营民居

　　定远营，又名定远城，位于内蒙古自治区阿拉善盟巴彦浩特镇，是今巴彦浩特的旧称。定远营城内兴建了王府、寺庙以及四合院住宅，其中，位于城内头道巷至四道巷的传统民居为清代保存至今较为集中的古建筑群。定远营民居院落布局及单体建筑高度效仿北京四合院形式，院落由正房、厢房、院门及院墙组成。但与北京四合院相比有很多不同之处：宅门位于中轴线上直对正房，这也是蒙古族居住文化的体现，当地民居比较有特色的是马鞍形门楼，装饰手法多以砖雕为主，在院门的正脊、墀头等处搭配精美的雕花，瓦当、滴水也饰有精美纹样。民居在建造与装饰方面将草原文化与中原文化融为一体，也是历史上蒙、满、汉民族文化融合的鉴证[36]。

定远营民居

『定远营民居』

① -1 正脊装饰

② -1 墀头装饰

① -2 正脊装饰

① -3 滴水、瓦当装饰

『定远营民居』

① -1 正脊装饰

② -1 墀头装饰

7. 阿贵庙

阿贵庙位于内蒙古自治区巴彦淖尔市磴口县沙金套海苏木境内的狼山山脉中，是内蒙古地区红教喇嘛的唯一寺庙，蒙古语意为"有山洞的庙"，占地 1500 亩（1 平方千米）。清朝定名为"宗乘寺"。阿贵庙为典型藏式建筑，顺山势建成大雄宝殿及配殿，共 981 间。清嘉庆三年（1798 年），阿格旺罗布桑丹赞若布萨勒建寺庙，同年回喀尔喀部。20 世纪 60～70 年代寺庙严重受损，仅存 5 个天然山洞，大雄宝殿仅存框架[4]。

阿贵庙现存殿宇 5 座，天然岩洞 5 个，殿宇形式为汉藏结合式与藏式。笔者调研时，阿贵庙仍处于修缮期，但通过对遗留建筑装饰形式及史料记载，仍可看出阿贵庙当年的风采。大雄宝殿的建筑形式与其他地区相比较为少见，即三层藏式平顶建筑之上置一大型镏金座莲佛像，底座绘卷草、莲花纹样。柱饰为木雕八边柱体花纹，雕饰细腻，施以白漆。时轮金刚殿是一处纯藏式建筑，色彩以白色与赭石色为主，顶部中间饰以镏金祥麟法轮，四角耸立宝幢，整个建筑庄严厚重。寺庙墙壁上的壁画装饰绘有佛像、飞天、天王、金刚等佛教内容，画面丰满精致，搭配各类牡丹纹、莲花纹、祥云纹、卷草纹、盘肠纹皆姿态舒展，色彩丰富，艺术价值颇高。

阿贵庙

『阿贵庙大雄宝殿』

①-1 正脊装饰

②-1 窗装饰

②-2 柱装饰

②-3 门装饰

① ② ③

②-4 栏杆、梁托、柱装饰

①-2 佛像装饰

③-1 御路装饰

『阿贵庙金刚宝座塔』

① ②

①-1 塔刹装饰

②-1 塔身装饰

②-2 塔基装饰

『阿贵庙财神殿』

①

②

③

①-2 祥麟法轮、边玛墙装饰

内檐 天花装饰

②-4 墙面装饰

②-5　内檐
柱式装饰 柱装饰

②-6 门装饰

①-1 正脊装饰

②-1 斗栱、平板枋装饰

②-2 雀替装饰

内檐 天花
装饰

②-3 挑檐枋装饰

内檐 枋装饰

内檐 雀替装饰

内檐 枋装饰

内檐 壁画装饰

『阿贵庙时轮金刚殿』

① ② ③

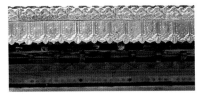

②-1 滴水装饰

②-3 门装饰

②-2 墙面装饰

①-1 祥麟法轮装饰

①-2 经幢、边玛墙装饰

②-4 壁画装饰

8. 准格尔召

准格尔召位于内蒙古自治区鄂尔多斯市准格尔旗，为藏传佛教格鲁派寺庙建筑群，其建筑形式为汉藏结合式建筑，是鄂尔多斯地区藏传佛教发展的典型代表寺庙。准格尔召于明天启三年（1623 年）始建，相传为鄂尔多斯左翼前旗（今准格尔旗前身）的衮必里克济农（1506～1550 年）的孙子多尔济·达尔罕·宰桑之子明爱·岱青从西藏请来一位禅师在此建成一座黄绿相间、瓷瓦顶盖的正殿大庙。明朝崇祯六年（1633 年），察哈尔林丹汗兵败西逃途中路经此庙，破坏了寺庙。准格尔旗第五代札萨克王、伊克昭盟长那木札勒多尔济主持扩建了准格尔召大经堂，增建喇嘛住宅百余间。清同治十年（1871 年），寺庙修缮，扩建大雄宝殿、释迦牟尼殿、弥勒殿、莲花生殿，并加层于此四座殿宇。1920～1922 年，准格尔旗各界集资，修缮大雄宝殿、释迦牟尼殿等殿宇，装饰成三重檐双层殿宇。20 世纪 60～70 年代，准格尔召遭到破坏，直至 1980 年恢复宗教活动，并开始修缮召庙。1999 年，再次大规模修缮准格尔召。2002 年后，陆续将各个殿堂的佛像塑全，恢复原貌。并且在 2006 年，建成白塔，成为准格尔召新的标志性建筑[4]。

准格尔召建筑群，现存建筑大雄宝殿、观音庙、舍利殿、五道庙、六臂护法殿、千佛殿均为历史遗存，其中大雄宝殿是年代最为久远、规模最大、等级最高的建筑，在整个召庙建筑群中具有核心地位。整个召庙群中建筑形式既有藏式平顶建筑，又有汉式重檐歇山式建筑。建筑装饰方面以释迦牟尼殿最为精美，释迦牟尼殿顶部覆有青绿色琉璃瓦，宝瓶置于正脊中间。正脊两侧鸱吻雕以行龙，垂脊上套兽、走兽、戗兽整齐排列，栩栩如生。檐下的斗栱彩画装饰以及室内的梁枋彩画样式繁多，纹样有卷草纹、连珠纹、梵文、龙纹等图案题材，层次丰富。整个召庙的柱体皆以藏式柱体为主，托木上或雕或绘有兽头、梵文、卷草等图案。准格尔召建筑装饰蕴含着十分浓厚的宗教文化与民族特色，经过时间的磨炼使人感到沉静庄严。

准格尔召

准格尔召释迦牟尼殿

②-3 匾额装饰

①-2 套兽、走兽、戗兽装饰

①-1 正脊装饰

②-2 枋头装饰

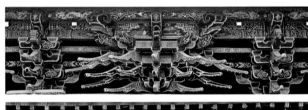

②-1 挑檐桁、挑檐枋、柁墩、平板枋、额枋、斗栱装饰

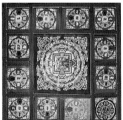

②-4 天花、藻井装饰

②-5 门装饰

②-6 柱、梁托装饰

『准格尔召五道庙』

①-1 经幢、铜饰装饰

①-2 鸱吻、正脊装饰　　　①-3 祥麟法轮装饰

②-1 梁装饰

②-2 门装饰　　　②-3 柱、梁托装饰

②-4 柱、梁托装饰　　　②-5 门装饰

『五道庙内檐装饰』

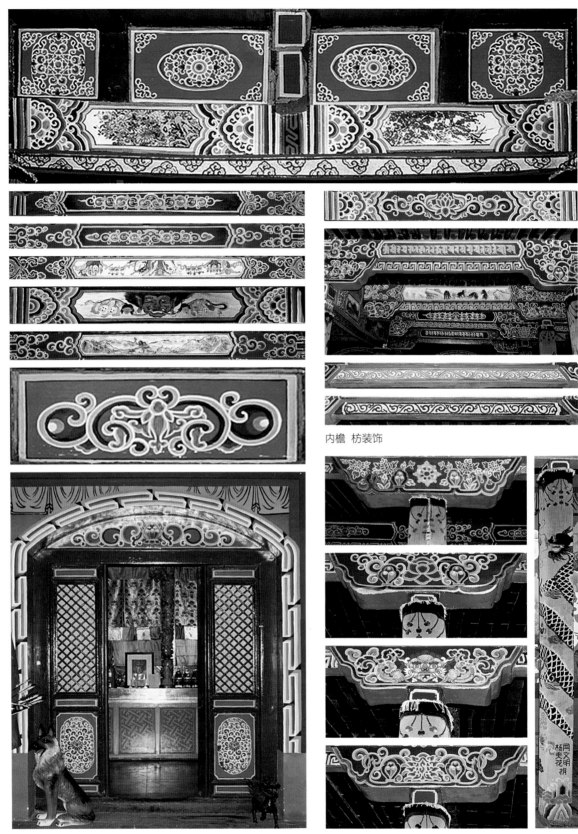

内檐　枋装饰

内檐　门装饰

内檐　梁托、柱装饰

『准格尔召舍利殿』

①-1　戗兽、走兽装饰

①-2　悬鱼装饰

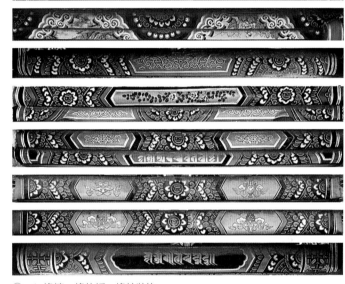

②-1　檐檩、檐垫板、檐枋装饰

①-3　正脊装饰　　②-2　匾额装饰

②-3　墀头装饰　②-4　壁画装饰　　　　　　　　　②-5　门装饰

②-6　　　内檐　壁画装饰　　　　　　内檐　枋装饰
柱装饰

① ② ③

①-1 正脊、瓦当、滴水装饰

①-2 挑檐桁、斗栱、栱眼壁、平板枋、额枋装饰

①-3 正脊、鸱吻、宝瓶、垂兽、戗兽、套兽装饰

②-1 门装饰　　②-2 柱装饰

① ② ③

①-1 经幢、边玛墙装饰　　②-1 挑檐桁、斗栱、梁装饰　　①-2 垂兽、戗兽装饰

②-2 梁托、柱装饰　　②-3 门装饰

9. 乌审召

乌审召，亦称"甘珠尔经庙"，位于内蒙古自治区鄂尔多斯市乌审旗。明万历五年（1577年），西藏喇嘛囊苏游至尚达河边塔奔陶勒盖牧民宝音图家念经，并在尚达河边修建寺庙（称囊苏庙），这是乌审召的雏形。康熙五十二年（1713年）清政府正式下旨在此建庙。清雍正十二年（1734年）、清乾隆四十二年（1777年）、清道光二年（1822年）、清道光九年（1829年）皆有新增佛殿建筑，但后续都遭到不同程度的损坏[4]。

乌审召现占地面积40000多平方米，建筑面积4300多平方米，共有大小庙宇24座，570间，喇嘛住房195处，喇嘛80多名。召庙规模较大，主要单体建筑十余座，其中德都庙、时轮金刚殿、吉祥天女殿及活佛仓和一座佛塔为历史遗存。乌审召建筑风格属汉藏结合式，建筑装饰方面以大经堂建筑装饰较有代表性，大经堂主体为一座歇山式重檐三层建筑，屋顶覆有黄色琉璃瓦，三层顶的正脊中间为金色宝瓶，两侧为高高翘起的鸱吻，一层屋顶正脊饰祥麟法轮，檐下斗拱皆绘有精美彩画，青绿色底搭配卷草纹，拱眼壁黄底色中绘有三宝珠金火焰，充满宗教气息。乌审召时轮学院建筑是典型汉藏结合式建筑形式，一层为藏式风格，青瓦片组合成女儿墙的装饰。二层歇山式屋顶中央置金色宝瓶、覆青瓦。乌审召复建的扎荣卡修尔佛塔石雕精美，风格独特，顶部镏金宝刹充满着宗教的神秘感。

乌审召

『乌审召大经堂』

①

②

③

①-3 悬鱼装饰

①-1 正脊装饰

①-2 套兽、斗栱装饰

②-1 斗栱、栱眼壁、额枋装饰　内檐 藻井装饰

②-2 祥麟法轮装饰

②-3 门装饰

②-4 柱、梁托装饰

『乌审召时轮学院』

①-1 套兽装饰

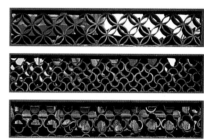

①-2 悬鱼装饰

①-3 墙装饰

①-5 正脊装饰

①-4 经幢、
苏力德装饰

②-1 挑檐枋、平板枋、额枋、雀替装饰

①-6 祥麟法轮装饰

②-2 窗装饰

②-5 柱装饰

②-3 雀替装饰

②-4 壁画装饰

②-6 门装饰

『乌审召扎荣噶沙尔』

①-1 宝刹装饰

①-2 喇嘛塔装饰

②-1 柱装饰

②-2 戗兽装饰

②-3 雀替装饰

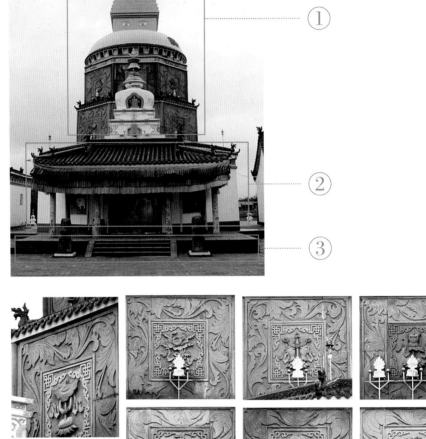

①

②

③

①-3 壁画装饰

②-4 梁装饰

②-5 正脊、瓦当、滴水装饰

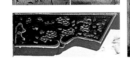

10. 公尼召

公尼召位于内蒙古自治区鄂尔多斯市伊金霍洛旗，为原伊克昭盟鄂尔多斯左翼中旗（郡王旗）寺庙。乾隆四十年（1775 年），郡王旗扎萨克镇国公斯布登诺日布始建寺庙，故称公尼召，即公爷的庙。乾隆四十九年（1784 年），清廷赐名"绥福寺"。

公尼召整体建筑风格为汉藏结合式，出于保护需要，主体建筑都用玻璃进行围合。由于公尼召修建时间较晚，无论是建筑、装饰，还是内部家具陈设都呈现出装饰精美、色彩艳丽、鲜明的面貌。公尼召大雄宝殿为歇山重檐建筑，屋顶正脊两侧和中间皆以宝瓶装饰，眺望金顶，熠熠生辉。斗栱、梁柱、椽子等处的彩画装饰也精致多彩，纹样类型多元：双龙戏珠、祥云、旋花、八字真言皆有涉及，体现出汉蒙文化的交流融合。入口处的柱饰十分引人注目，彩画与浮雕的装饰手法并用，纹样、色彩繁复艳丽，层次也十分丰富，托木边缘金漆描边。公尼召的佛爷塔建筑装饰也是颇为精细独特，纹样色彩都融合了汉、蒙、藏族文化元素，蕴含着浓厚的宗教与民族文化内涵。

公尼召

『公尼召大雄宝殿』

①-1 正脊装饰

①-2 滴水、经幢、边玛墙装饰

①-3 祥麟法轮装饰

②-1 挑檐枋、由额垫板、平板枋、额枋装饰

②-2 门装饰

②-3 柱装饰

②-4 墀头、山墙装饰

②-5 窗装饰

『公尼召佛爷塘』

①
②
②

①-1　正脊装饰

①-2　祥麟法轮装饰

②-2　平板枋、额枋装饰

②-1　瓦当、滴水、椽装饰

②-3　铜饰装饰　　②-4　斗拱、拱眼壁装饰

②-5　门装饰

②-6　梁托、柱装饰

11. 伊金霍洛旗郡王府

郡王府位于内蒙古自治区鄂尔多斯市伊金霍洛旗，是鄂尔多斯市现存唯一一座完整的王爷府，也是内蒙古西部地区保存最完整的王爷府。1988 年 4 月 26 日，伊金霍洛旗人民政府将其列为全旗重点文物保护单位，1996 年 5 月 28 日，内蒙古自治区人民政府将其列为全区第三批重点文物保护单位[39]。

郡王府为郡王旗扎萨克的私邸，据记载，郡王府的设计承建者为山西偏关匠人宋二等三十余名能工巧匠，因此郡王府在建筑形制上多有山西府邸特征。《伊克昭盟志》称赞该府"画阁雕梁、龙文凤彩、备极富丽，为伊盟最新的王府"。现存王府规模分为前后院，占地面积约 2105.79 平方米，在围墙与内府之间的西侧原建有专供王爷使用的家庙，东侧除库房、碾坊、粮仓、后勤用房和灶房外，还有 70 余间专供旗保安队使用的营房。正对王府的大门处原有一道影壁墙，但都受到不同程度的损坏。新建的郡王府规模宏大，富丽堂皇，整体建筑将砖、木、石结构的硬山式屋顶与平顶相结合，融藏、汉风格于一体，具有浓郁的民族和地方特色。虽然郡王府内一些精美的建筑曾遭到损坏，但主体建筑仍保留完整，建筑风格尚存。王府最有观赏性和艺术性的是砖雕工艺，图案精美，技艺精湛，画面栩栩如生。府院的多数房屋为飞檐斗栱，屋顶和墙面的砖、木、石上都雕刻着龙凤、鹿鹤、山水、花草、人物、文字等图案。郡王府的整体建筑风格以及精湛的砖雕技艺，极具艺术价值。

伊金霍洛旗郡王府

『伊金霍洛旗郡王府 正房』

① ② ③

①-1 屋顶装饰

②-1 窗框装饰

②-2 墙面装饰

②-3 门装饰

『伊金霍洛旗郡王府 墀头装饰』

12. 美岱召

美岱召位于内蒙古自治区包头市土默特右旗美岱召公社境内，明万历三年（1575 年）阿勒坦汗主持兴建的一座城寺，明代万孔昭《金边略记》明确记载："赐俺答城曰福化"。《明史记事本末》也载"俺答乞佛像蟒段，且城市成，赐城名福化，量给其清"，据荣祥先生考证，这座早于归化城建成的福化城就是美岱召。清乾隆年间增建部分殿堂，并改汉名为寿灵寺，为现存的西万佛殿。

美岱召的建筑布局形式，与内蒙古地区其他召庙有所不同。美岱召四周用土夯筑高厚的城墙，外壁用碎石块镶砌，南墙中部开设城门。门道上部原筑有城楼，为二层悬山顶式建筑，1973 年拆毁。四角伸出的墩台上建有角楼，俗称凉亭。这种建筑布局，完全是一座城堡的建筑格局，与西藏萨迦寺的布局相仿。这座城与寺相结合的建筑物，在内蒙古地区也是第一座，是研究明清时期宗教与政治关系的重要实例。

美岱召大雄宝殿为歇山顶建筑，汉藏结合式。大雄宝殿内通过朱红色的通顶立柱、经幢、法器、诵经座以及墙壁绘制的规模宏大的佛教壁画，对礼佛诵经空间氛围进行塑造，大雄宝殿内天花绘制形式多样的"坛城"，是美岱召建筑装饰中的精品。琉璃殿是一座装饰精美的三层歇山式重檐建筑，建筑屋顶搭配黄绿色琉璃瓦气势宏大，造型庄严。顶部正脊中间使用黄绿色琉璃瓦塑出宝瓶与两侧鸱吻，正脊雕饰花纹，生动舒展。额枋间的彩画采用旋子彩画构图形式，由于构件尺度差异，彩画呈三段式、五段式、七段式布局，彩画装饰纹样既有旋子、行龙等常见旋子彩画纹样，也有独具内蒙古地域特色的各类植物纹样。太后庙建筑形式为二层歇山重檐建筑，太后庙中建筑彩画主要以旋子彩画为主，彩画枋心内部搭配行龙与梵文，形式规整，与近几年修缮有很大关系。

美岱召

『美岱召大雄宝殿』

①-1 正脊装饰

②-1 栱眼壁装饰

②-2 檐檩、檐枋装饰

内檐 挑檐桁、挑檐枋、斗栱装饰

『美岱召琉璃殿』

①-1 正脊装饰

①-2 戗脊、戗兽、套兽装饰　　　　　　　　　　　　　　　　　　　　　②-1 柱装饰

②-2 三层大额枋、由额垫板、小额枋装饰

②-3 斗栱装饰

②-4 二层挑檐桁、挑檐枋装饰

②-5 二层平板枋、额枋装饰

②-6 檐装饰

②-7 二层栏杆装饰

②-8 一层平板枋、额枋、雀替装饰

②-9 一层挑檐桁装饰

②-10 一层雀替装饰

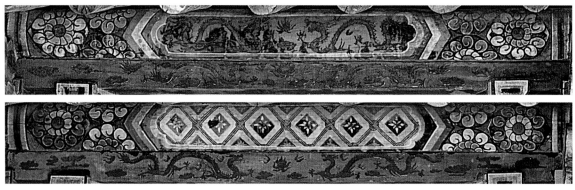

②-11 一层挑檐桁、挑檐枋装饰

②-12 一层平板枋、额枋装饰

『美岱召太后庙』

①-1　正脊装饰

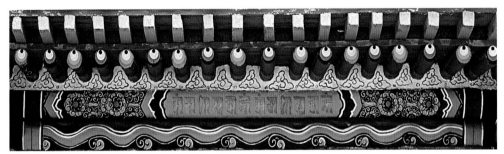

②-1　二层飞椽、檐檩、檐枋装饰

②-2　一层檐檩、枨墩、檐枋、雀替装饰

②-3　柱装饰

13．五当召

五当召位于内蒙古自治区包头市石拐区境内，地处原乌拉特东公旗所辖之地，系章嘉活佛属庙，内蒙古地区最知名的学问寺之一。五当召始建于清乾隆十四年（1749年），兴建最早建筑为活佛居住地色木沁宫，即现今的苏布盖林。清乾隆十四年到十五年（1749～1750年），分别又建时轮殿和护法殿。清乾隆十五年至二十二年（1750～1757年），在西拉哈达山僻静之处，新建根坯庙。清乾隆二十二年至清道光二十二年（1757～1842年），新建大雄宝殿、洞阔尔活佛拉布隆、阿会殿、显宗殿和章嘉活佛府[4]。

五当召总体布局以西藏札什伦布寺为蓝本，成组团式布局形式，布局中没有中轴线，也不是按照山门、正殿、厢房的形式进行平面布置。但其各殿宇错落有致而又和谐统一，形成一组鳞次栉比的藏式建筑群。从其单体建筑形式来看，建筑主要是方形或长方形建筑平面，平屋顶，顶盖没有瓦，墙壁厚重，建筑窗口为梯形，边框涂黑色。建筑外部涂饰白色与红色涂料，是藏式宗教建筑典型色彩关系。殿顶中央放置镏金宝塔，四角陪衬着塔形幢幡。活佛府正门装饰应用汉式木雕形式，为近代包头著名工匠郭氏所作。五当召整体建筑装饰特征以建筑平面布局中建筑的空间关系为导向，处于山顶平缓中心位置的苏古沁殿建筑形制最高、单体体量最大、装饰等级最高也最丰富，随着离中心距离渐远，其他建筑的形制、体量及装饰等级也逐渐减弱。

五当召

『五当召苏古沁殿』

①-1 苏力德装饰

①-2 经幢装饰

①-3 宝顶装饰

②-1 铜饰

②-2 窗装饰

②-3 梁托、柱装饰

②-4 廊内天花装饰

②-5 门装饰

②-6 梁装饰

『五当召洞阔尔殿』

① ②

②-1 梁装饰

②-2 铜饰

②-4 门装饰

②-3 梁托、柱装饰

②-5 廊内天花装饰

『五当召喇弥仁殿』

①-1 经幢装饰　　①-2 祥麟法轮装饰　②-1 铜饰

②-2 梁托、柱装饰　②-3 门装饰

②-4 梁装饰

①-1 经幢装饰

②-1 梁装饰

②-2 门装饰

③-1 围墙装饰

②-3 五当召阿会殿天花

②-4 梁托、柱装饰

本章参考文献：

[1] 石蕴琮等. 内蒙古自治区地理 [M]. 呼伦贝尔：内蒙古文化出版社，1989：385.

[2] 陈一鸣. 中东铁路建筑文化交融现象解析 [D]. 哈尔滨工业大学，2017.

[3] 兴安盟地方志编纂委员会. 兴安盟志（下）[M]. 呼伦贝尔：内蒙古文化出版社，2007.

[4] 张鹏举. 内蒙古藏传佛教建筑 [M]. 北京：中国建筑工业出版社，2012.

[5] 陈宇. 通辽市库伦三大寺寺院景观研究 [D]. 内蒙古农业大学，2013.

[6] 余雅明，王虎. 观亲王府瓦当 探图什业图历史 [J]. 魅力中国，2016，7：161.

[7] 关忠祥. 科尔沁草原上的魔窟——图什业图旗王府调查记 [J]. 内蒙古民族大学学报，2016，（2）：34-48.

[8] 乔吉. 内蒙古寺庙 [M]. 呼和浩特：内蒙古人民出版社. 2003.

[9] 郭殿勇. 西部资源奈曼旗王府 [J]. 西部资源，2009：56.

[10] 李则鑫. 奈曼地区传统建筑彩画装饰艺术研究 [D]. 大连：大连理工大学，2019.

[11] 走遍中国编辑部. 走遍中国——内蒙古 [M]. 北京：中国旅游出版社，2008.

[12] 乔吉，马永真. 内蒙古清真寺 [M]. 呼和浩特：内蒙古人民出版社，2003.

[13]《喀喇沁旗志》编纂委员会. 喀喇沁旗志 [M]. 呼和浩特：内蒙古人民出版社，1998.

[14] 周迪. 赤峰地区元代藏传佛教寺庙建造风格探析——以喀喇沁龙泉寺为例 [J]. 赤峰学院学报（汉文哲学社会科学版），2017，38（11）：34-37.

[15] 任丽颖. 新世纪内蒙古东部地区藏传佛教略述——基于赤峰市藏传佛教寺庙的调查 [J]. 赤峰学院学报（汉文哲学社会科学版），2014，35（10）：116-118.

[16] 赵淑霞. 赤峰地区藏传佛教寺庙建筑类型 [J]. 赤峰学院学报（自然科学版），2015，31（23）：60-61.

[17] 孙国军，王璐. 赤峰市全国重点文物保护单位第七批之二清代荟福寺 [J]. 赤峰学院学报（汉文哲学社会科学版），2014，35

（5）：283.

[18] 王思奇. 格力布尔召及其文化调查研究 [D]. 广西师范大学，2018.

[19] 张立华. 草原蒙古清代喀喇沁王府建筑研究 [D]. 内蒙古工业大学，2009.

[20] 石蕴琮等. 内蒙古自治区地理 [M]. 内蒙古：内蒙古文化出版社. 1989.10：408-409.

[21] 高鹏. 呼和浩特公主府第建筑研究 [J]. 山西建筑，2007，33（34）：66-67.

[22] 介丹军. 内蒙古风情指南呼和浩特卷 [M]. 呼和浩特：内蒙古人民出版社，1997：36-38.

[23] 杜潇. 多中心治理视角下民族融合地区传统村落文化保护利用研究——以乌兰察布市隆盛庄为例 [D]. 内蒙古大学，2019.

[24] 任月海. 多伦汇宗寺 [M]. 北京：民族出版社，2005：140.

[25] 锡林郭勒盟志编纂委员会. 锡林郭勒盟志 [M]. 呼和浩特：内蒙古人民出版社，1996.

[26]《锡林郭勒史迹》编写组. 锡林郭勒史迹 [M]. 北京：新华出版社，2009.

[27] 乌恩，袁志发. 内蒙古风情 [M]. 北京：人民日报出版社，1987：4.

[28] 张群. 西北荒漠化地区生态民居建筑模式研究 [D]. 西安建筑科技大学，2011：74.

[29] 内蒙古师范学院地理系编纂. 内蒙古自然地理 [M]. 呼和浩特：内蒙古人民出版社，1965：46.

[30] 郝晓兰. 关于内蒙古与周边省区区域旅游合作的思考 [J]. 内蒙古财经学院学报，2005，（06）：29-32.

[31] 政协内蒙古自治区委员会文史资料委员会编. 内蒙古喇嘛教纪例（第四十五辑）[M]. 内蒙古：内蒙古政协，1997.

[32] 朝格图. 阿拉善往事：阿拉善盟文史资料选辑甲编 [M]. 银川：宁夏人民出版社，2007.

[33] 梁丽霞. 阿拉善蒙古研究 [M]. 北京：民族出版社，2009：295.

[34] 乔吉. 内蒙古藏传佛教寺院 [M]. 兰州：

甘肃民族出版社，2014：95.

[35] 彩虹. 浅谈阿拉善和硕特旗寺庙系统 [J]. 西部蒙古论坛，2013，（03）：35.

[36] 王卓男，王敏，李志忠. 阿拉善定远营古城建筑文化研究 [J]. 南方建筑，2015，（01）：49-55.

[37] 阿拉善左旗地方志编纂委员会编. 阿拉善左旗志 [M]. 呼和浩特：内蒙古教育出版社，2000：882.

[38] 陈萍，康锦润. 阿拉善传统民居与周边民居形式的对比分析 [J]. 南方建筑，2016，（06）：100-105.

[39] 陈红霞. 探寻伊金霍洛旗郡王府 [J]. 实践（思想理论版），2015，（06）：56.

[40] 土默特左旗土默特志编纂委员会办公室. 土默特史料（第十六集）[M]. 内蒙古：土默特左旗土默特志编纂委员会，1985：263.

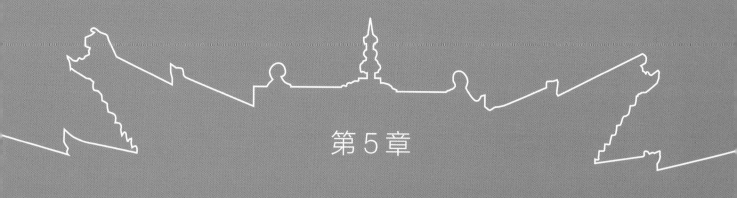

第 5 章
·
·
·

地域文化与建筑装饰
关联性相关思考

·
·
·

5.1 内蒙古地域建筑装饰艺术特征

　　建筑是文化的载体，是一定社会历史文化的体现，它以直观、形象的方式反映着一定社会意识形态和深刻的历史文化内涵[1]。内蒙古自治区作为我国少数民族地区，其地域特征与文化特征显著，民族的发展有着坚实的历史文化基础，传统地域建筑装饰手法在蒙古族漫长的历史进程中形成独特的艺术特征与文化内涵。

　　在建筑装饰设计中借助"形（造型）"与"色（色彩）"所产生的特定形式和秩序完成设计意图的表达。"形"主要是通过形式美法则，运用变化与统一、对比与调和、节奏与韵律、对称与均衡的构成形式，借助其结构、体量、比例、造型表达建筑思想；"色"则是通过色相、明度、纯度三大属性，通过色彩的对比与调和创造艳雅、强弱、冷暖等视觉效果，表达特定的建筑形象并诠释其内涵。内蒙古地区主体民族蒙古族传统的游牧生活方式与宗教信仰使其拥有自己民族特有的情感表达方式，同时也为我们留下了宝贵的艺术财富。内蒙古地域建筑装饰中的形、色两方面内容所表现出来的装饰造型与色彩充分体现出内蒙古地域建筑艺术特征。

5.1.1 建筑造型独具民族特色

　　地域性建筑十分注重"此时、此地"的地域性表达，内蒙古地域建筑有着十分优美与独特的建筑形式，与内蒙古地域环境特征相结合，在建筑造型上形成自身鲜明的建筑艺术特征。

　　蒙古民族比较崇尚"圆形"，这与本民族的原始信仰和思想观念有关。蒙古民族信奉的萨满教在各种祭祀活动中会以自身或以某一虚拟点为原点旋转起舞来获得萨满神人合一的宗教体验。圆形也成为后来蒙古族对建筑的一种审美定式，所形成的"蒙古包"式的建筑成为蒙古民族的主要建筑形式（图5-1）。结合现代城市建筑功能与形式，将"蒙古包"这一建筑样式进行"概括""变形"，让蒙古包以穹庐式圆顶的形象与现代建筑有机结合，充分体现建筑的地域性（图5-2）。

　　内蒙古地域性建筑体量多采用矩形或方形设计手法，其形体设计"原型"来源于蒙古族传统家具造型，配合略有"收分"的墙体，让整个建筑看上去刚劲、稳固（图5-3）。建筑主体采用"三段式"立面水平分割的处理手法，建筑立面融入蒙古族传统元素进行装饰，建筑造型丰富而极具民族特色（图5-4）。

图 5-1 蒙古包

图 5-2 蒙古包的穹庐圆顶

图 5-3 蒙古族家具

图 5-4 内蒙古展览馆立面造型

5.1.2 建筑立面装饰造型的民族特色

在蒙古人的生活中，装饰的意义远远超出装饰功能本身[2]。在建筑装饰中所使用的图案造型无论是从形式特点还是从与之相关的象征意义来看，大多出自于蒙古族的传统艺术。

1. 建筑立面及开窗造型

蒙古包作为蒙古民族智慧、思想和生活的集中体现，堪称游牧文化的精髓，它的形状、结构、色彩及装饰充分体现出蒙古民族对自然的适应，蒙古包的组成内容包括：套脑、乌尼、哈那、乌德、巴根等，各个结构构件不仅在结构上满足构造要求，其构造形式也代表着丰富的民族地域文化（图 5-5）。

在建筑立面设计中，以蒙古包中"哈那"的组织秩序及形式为设计"原型"，概括为突出的竖向线条装饰造型对建筑立面进行装饰（图 5-6）；在开窗形式设计上，多采用竖向细长条形开窗呼应设计"原型"；源于"蒙古文字"的竖向肌理造型对开窗形式进行不规则的造型设计来更好地诠释悠久的民族历史（图 5-7）。

图 5-5 蒙古包结构示意

图 5-6　以"哈那"为原型的立面造型　　　图 5-7　结合"蒙古文字"形象的立面造型

2. 建筑立面装饰图案题材多样

蒙古族建筑装饰讲究工整、华丽。装饰题材与造型多样。装饰图案纹样的取材上包括几何纹样图案造型、动物题材图案及植物题材装饰图案。

蒙古族的几何纹样常见的有渔网纹、普斯贺纹、卍字纹、回纹及盘肠纹等。在构成方法上采用"单独"或"复合"的形式进行组合，在蒙古族毡帐建筑外部的贴花图案中最为常见。蒙古民族的游牧生活方式决定他们与动物有着密切关系，以动物为题材的装饰图案形式发展较为丰富，他们用图案的形式表现蒙古人的生产生活财富，常见的有龙形纹、犄纹、云纹等图案。其中较为典型的是哈木尔云纹，蒙古语中哈木尔的意思是"牛鼻子"，哈木尔云纹是一种类似于汉族如意云纹的装饰图案，由两条对称的内旋曲线构成，外形酷似蒙古包[3]（图 5-8）。植物题材的装饰图案最早出现在内蒙古东部及赤峰一带，较为常见的有卷草纹、宝相花、莲花、桃形纹等。

蒙古族传统装饰图案表现形式多样，常采用二方连续、四方连续、单独纹样、角隅纹样等结构形式排列、重构，结合建筑风格样式、建筑用途与场所环境进行设计，恰当地体现建筑的地域性特征（图 5-9、图 5-10）。

图 5-8　哈木尔云纹　　　　　　　　　图 5-9　哈木尔云纹的装饰样式

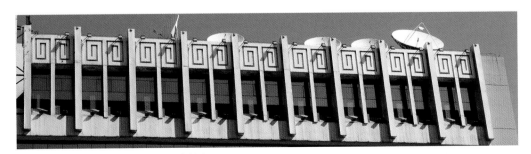

图 5-10　回纹图案在建筑装饰立面中的应用

5.1.3　建筑装饰色彩应用的民族特色

色彩在艺术装饰领域，不仅具有装饰作用，同时还具有一定的哲学性与社会性，在内蒙古地域建筑装饰艺术中色彩的运用手法大胆而细腻，构图以大色块为主，表现效果简洁、明快，体现出蒙古民族所特有的文化美学思想及建筑所处地域的文化特征与美学内涵[4,5]。在蒙古族传统装饰艺术中被作为原色使用的颜色有：红、蓝、黄、白、绿色，每一种色彩及其各异使用方法都被赋予了某种宗教与民俗内涵。

红与蓝是使用最为广泛的颜色，红色象征着欢乐、生命与力量，红色的用法限制较多，是等级要求较为严格的色彩，多用在宗教类建筑的外墙及重要建筑上。在装饰方面常用作蒙古族家具的底色，在蒙古包的结构中套尼、乌尼、哈那、门槛也都用红色装饰，同时配上金色图案凸显蒙古族建筑的华丽；蓝色，象征天、永恒、忠诚和心胸博大；蓝色是蒙古族格外喜欢的颜色，他们将自己的民族称为"蓝色民族"。蒙古族对白色十分重视，它象征着纯洁、吉祥、高尚与富贵，对白色的崇尚来自于蒙古人对生命的理解，他们认为白色的乳汁是生命的源泉。在蒙古族古老的图腾崇拜中有苍狼与白鹿，它们被认为是蒙古民族的祖先。内蒙古地域性建筑立面以白色为主色调，在门框、门楣、窗框、屋顶、过梁等构件中使用蓝色进行装饰点缀。在蒙古族建筑的装饰色彩上，金、银色的使用也较为普遍，在建筑立面装饰中使用较多，使用的方法主要包括：勾金（泥金）、贴金、扫金、泼金。内蒙古地域建筑装饰中的色彩对比强烈，极富特色，这样的色彩关系一方面充分体现蒙古民族崇尚自然的特征，另一方面又可以很好地诠释建筑的地域性特征（图 5-11、图 5-12）。

各民族在其自身发展过程中积淀而成的民族心理造就了不同民族独具特色的建筑装饰艺术特征[6]。形、色装饰艺术元素在内蒙古地域建筑装饰中所呈现出来的独有表现手法不仅丰富了建筑设计的地域性表达，在城市设计中作为历史文脉的延续可以更好地表达城市地域性特征。对内蒙古地域建筑装饰艺术特征的分析有利于继承地域建筑传统，指导与繁荣建筑艺术创作。

图 5-11　蒙古族家具色彩

图 5-12　色彩在建筑中的应用

5.2　地域文化与建筑装饰形态关联性思考

我们在探讨建筑装饰形态问题时，经常将关注点落在其形态本身的构成方法层面上，经过近几年的研究逐渐发现地域文化与建筑装饰形态的产生、发展有着重要的影响与制约关系。以此问题为研究导向，课题组选择对"地域文化"特征与"建筑装饰形态"特征显著的内蒙古自治区典型区域进行实地田野调研，并对两者之间的关联性进行分析研究。

地域文化与建筑装饰形态相互之间关系密切，建筑是生长在特定地域空间中的文化载体，显性地反映地域文化特征；地域文化是建筑生成的根源，隐形地影响建筑装饰形态发展，两者之间相互关联（图5-13）。

课题研究组选取内蒙古地区地域特色较为典型的区域为研究对象，通过实地调研及相关分析，从地域文化对建筑装饰形态的影响及回应两方面对其关联性进行分析研究。

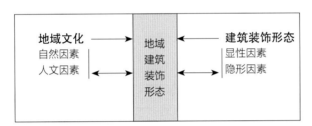

图 5-13　地域文化与建筑装饰形态关联性分析

5.2.1　研究区域的选择

以内蒙古自治区建筑研究现有研究资料为基础[7,8]，结合田野调研数据，选取 3 个区域位置、地形环境、气候特征及人文环境特征明显的区域，作为研究样本。

研究区域 1：呼和浩特市新城区保和少镇

保和少镇隶属于内蒙古自治区呼和浩特市，位于内蒙古自治区中部，呼和浩特市东北部，行政区域面积 240 平方千米，居住民族以蒙、汉为主，镇区地形以山地、丘陵和平川构成，属典型的蒙古高原大陆性气候，四季分明，温差变化大。保和少镇辖区范围内有大窑文化遗址、赵长城遗址、小井革命老区及高凤英烈士故居等文化资源。

研究区域 2：丰镇市隆盛庄

隆盛庄隶属于内蒙古自治区乌兰察布市，位于内蒙古自治区中南部，丰镇市东北部，行政区域面积 415 平方千米，隆盛庄有汉族、蒙古族、回族、满族等 12 个民族。镇区地形以山地、丘陵及平原为主，属温带大陆季风气候。隆盛庄在区位关系上位于内蒙古自治区与山西省的交会处，其独特的地理位置，成为当时晋商"走西口"的重要通道和商品集散地，形成北方草原文化与西北农耕文化的交汇地。

研究区域 3：牙克石市博克图镇

博克图隶属于内蒙古自治区呼伦贝尔市，位于内蒙古自治区东部，行政区域面积1049 平方千米，居住着汉族、蒙古族、回族、朝鲜族等 11 个民族，镇区地形具有典型的山城特色，地势南低北高，该镇森林资源丰富。博克图镇属于大陆性寒温带季风性气候，气候条件恶劣，寒暑与日温差悬殊。这里是中东铁路重要枢纽，沙俄修建铁路时在此也修建了许多配套设施用房，对整个镇区规划起到了决定性的影响。

5.2.2　关联性分析

调研样本 1：呼和浩特市新城区保和少镇保和少村（图 5-14）

课题组对保和少镇保和少村进行调研采集，该村落地处大青山山脉沿线，村落形态受地势条件制约，沿山势走向呈带状分布。村落内主干道路以东北向西南轴线展开，根据地势平缓走向横向扩展村内道路系统，进而成为整个村落的骨架。村落内建筑院落布局及空间形态与地形条件相结合，形成"自然地貌—道路—院落—建筑"的整体布局关系。院落

图 5-14　保和少村建筑形态现状

布局结合当地气候条件，院落形状以长方形为主，入口多设在南边，北高南低，进深大于面宽，以争取更多日照。主体建筑方位坐北朝南。建筑材料以当地"生土"材料为主，房屋墙体较厚，有利于防寒保暖及保持墙体的稳定，屋顶大多是单向小坡屋顶，坡向院内，以促进屋面排水，保护"生土"墙面。院落围护结构材料以生土砖及当地的石块为主。

调研样本 2：丰镇市隆盛庄（图 5-15）

　　课题组对隆盛庄镇隆盛庄进行调研采集，隆盛庄位于内蒙古中南部，与山西省交界，坐落于西河湾冲击平地，总体地势平坦，隆盛庄镇区街巷以路相隔，十字形街道构架起隆盛庄的主干道。隆盛庄当地民居在吸收晋文化特征的同时结合内蒙古地域文化特征，使得其民居呈现出特有的形态特征。当地民居形式以四合院为主，一进院落，院落开敞。建筑结构为砖木结构，木结构承重，砖墙填充，墙体采用"外熟内生"的制作工艺，冬暖夏凉。院门多采用高大的砖砌拱门洞和方形门洞，方便人、骡马和货物的出入，同时大门造型气派讲究，这些特点多是受到晋文化的影响。

图 5-15　隆盛庄建筑形态现状

调研样本 3：博克图镇（图 5-16）

　　课题组对牙克石市博克图镇进行调研采集，博克图镇位于大兴安岭南麓，平均海拔 800米，地势北高南低，整个镇区具有典型的山城特色。博克图镇是中东铁路重要枢纽，铁路干

图 5-16　博客图镇建筑形态现状

线南北贯穿，建筑布局以地势及铁路线分布为特征，错落在山坡上下，呈不规则的块状分布。作为中东铁路重要枢纽，从 1903 年起就修建了大量俄式建筑作为铁路沿线的配套设施，这些建筑影响着博克图镇后续建筑规划、建筑布局、建筑形式、建筑装饰等方面的形成。当地建筑结合地域条件，建筑用材以木材及砖石为主，房屋建造重点是防寒保暖，墙体断面尺寸较大，多数民居墙体内设置"火墙"。民居形式以"木刻楞"建筑形式为原型，双向坡屋顶，屋顶内部结构为木桁架，内部架空，铁皮饰面，在屋顶内部使用棉絮等材料进行建筑保温处理。

吴良镛先生说过："地域建筑是中国各地区城市体系中城市文化、乡土、民俗文化不可分割的综合组成部分，特别是民居文化，扎根乡土，新陈代谢，有机更新，多属于'没有建筑师的建筑'，我们称之为'有生命的建筑'（Living Architecture）"[9]。适应地域因素，同时受地域因素的影响，内蒙古自治区境内不同区域环境中的民居建筑形态，在其所处的环境中形成、发展。课题组通过对调研样本分析发现，所选样本位于内蒙古自治区境内不同区域环境，且各区域环境特征明显。各调研区域由于地理环境、地缘特色等地域文化的差别，调研样本中的区域建筑在建筑形态、建筑材料及建筑装饰方面受到本地域环境的影响，呈现出显性的地域特征。

相对于地域文化对建筑装饰形态的显性影响来说，建筑装饰形态对地域文化的回应更多地从人文、民族等精神层面隐性表达出来。调研样本 1：呼和浩特市新城区保和少镇保和少村，内部空间以"火炕"为中心布置，在装饰形式上，应用色彩、图案及造型体现蒙、汉民族文化特征。调研样本 2：丰镇市隆盛庄，民居装饰不饰多余的色彩，大量使用富有装饰效果的砖雕、木雕，沿袭晋文化建筑特色，在装饰图案样式上，以山西传统雕刻为母本，同时融入蒙古族及回族的图案样式，形成隆盛庄传统民居和民间工艺的一大特色。调研样本 3：博克图镇，建筑装饰形式与当地沙俄建筑形式相一致，色彩以黄色为主，立面造型充分使用木材做装饰构件，将俄式建筑样式与当地地域特色相结合。

建筑是扎根于地域文化之上受地域文化影响同时回应地域文化特征的实体形象。文中从"纵——不同地域环境建筑""横——同一地域环境建筑"两个向度对内蒙古境内建筑装饰形态进行比较研究，通过课题组对内蒙古地区不同区域建筑的田野调研及研究分析发现：地域文化与建筑装饰形态相互之间关系密切，建筑受地域文化中的自然因素影响是显性的，决定建筑的方位、体型、材料；受地域文化中人文因素影响是隐性的，决定建筑的造型、色彩、装饰等方面，两者之间相互关联。

5.3　建筑载体视阈下蒙古族建筑装饰图案形态研究

蒙古族图案是蒙古族传统文化的重要组成部分，记载着蒙古民族的历史文化发展变迁，生动体现本民族的价值观、审美观、行为方式及生活模式，在发展过程中与本民族建筑相融合，形成独具地域民族特色的蒙古族建筑装饰图案体系，是蒙古族建筑的重要识别因素与典型特征，在蒙古族艺术文化体系中占有重要地位。

关于蒙古族图案的相关研究已有较长历史，在多个领域都有涉及：（1）史学研究领域：该领域的专家学者在从事民族史的研究中涉及对蒙古族图案形态的相关研究[11]。（2）人类学、民族学领域：在该领域的田野调研报告和民族史志研究中，从民俗与文化研究中对蒙古族图案有所描述，但却始于文化追述止于对其形态特征的研究[12]。（3）美术及艺术领域的研究：该领域学者们经常深入到民族地区采风、写生，对蒙古族图案有所收集，但其关注点是在实际艺术创作中的题材收集，而非理论上的研究[13]。自 20 世纪 80年代开始，内蒙古自治区相关领域学者对蒙古族图案的研究逐步重视起来，进行相关理论研究。其中以内蒙古师范大学阿木尔巴图教授所做的研究贡献较为突出，其对蒙古族图案进行了采集、拓印、分析、整理研究，出版了系列专著，为我国蒙古族图案领域研究留下了宝贵的研究资料[13-16]。然而，建筑领域关于蒙古族装饰图案的研究涉及较少，只在一些学术论文中有所提及[17,18]，缺少专门、系统的研究。

鉴于此，课题组承担了相关课题的研究工作，并在课题体系中对蒙古族建筑装饰图案现状普查、艺术特征分析方面做了大量的研究工作，对蒙古族建筑装饰图案的形成因素、艺术特征方面进行了分析研究。

5.3.1　现状普查

基于蒙古族在我国分布现状[19]，课题组将调研研究范围确定在内蒙古自治区境内，

根据内蒙古自治区行政区域划分及民族、民俗特征与气候条件特征，将调研区域划分为
3 个一级区域，12 个 2 级区域，在每个 2 级区域下根据建筑在各旗县、乡镇苏木、村嘎查
的具体分布现状进行定点，以点为单位展开现状调研（图 5-17）。

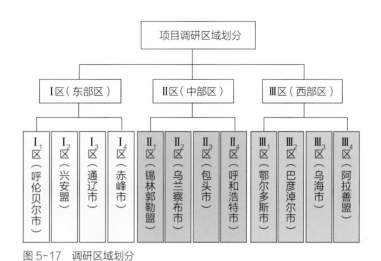

图 5-17　调研区域划分

　　在研究对象选取方面选择了宗教建筑、衙署府第、民居建筑中具有典型特征的建筑个
例进行调研、分析。目前，内蒙古自治区境内宗教建筑、衙署府第、民居建筑概况如下：

1. 宗教建筑

　　受到宗教传播形式的影响，内蒙古自治区较为典型的宗教类建筑是藏传佛教建筑，数
量众多，分布较广，影响广泛。在内蒙古佛教最兴盛的清朝中期，建有召庙约 1800 多座，
新中国成立时，自治区政府调查统计显示有召庙 1366 座，编写中国建筑"三史"时对内
蒙古地区的古建筑曾做过为期 8 个月的调研，在当时保存完好的召庙尚有约 500 座[20]。
据调研，至今保存的召庙大都地处郊野和闹市。在本研究中，对呼和浩特市大召寺进行重
点研究，主要原因是大召寺主体建筑目前保存较完整，且地域性、民族性特征显著。

2. 衙署府第

　　内蒙古自治区目前保存较为完好的衙署府第建筑均为清代所建，此类建筑的形成与
发展是蒙古族与清王朝政府密切关系的见证。据史料记载，清代蒙古地区共建有 48 座蒙
古王府。大致分为三类：为受封亲王建造的府第；为与蒙古联姻而下嫁公主建造的公主
府；为巩固边疆地区安定而建造的军事和行政服务衙署建筑。这一时期所建的衙署府第建
筑形制规格严格，装饰元素简朴，建造形制主要依据来自于《大清会典》。本次研究对象
主要选择鄂尔多斯市伊金霍洛旗郡王府，其在使用功能上为受封亲王府第；在建筑特征方
面民族地域特征显著。

3. 民居建筑

传统民居是一种最具民族性、地域性文化特质的建筑类型。传统民居的形态、构成及艺术特征是建筑的民族性与地域性最"朴实"的体现。内蒙古地区的民居形式与本地区的民族格局息息相关，这里有蒙古族、汉族、满族、达斡尔族、鄂温克族、鄂伦春族等多个少数民族，各民族在其历史发展进程中为我们留下了宝贵的民居建筑文化遗产。本次研究中重点选择了内蒙古中部地区具有蒙汉结合特征的"合院式"民居形式丰镇市隆盛庄镇民居。

5.3.2　建筑装饰图案形成因素

1. 民族文化因素

大漠南北广阔的草原，是我国北方游牧民族的栖息地。考古发掘证明，远在旧石器时代，这里就有人类生存。蒙古族是蒙古高原文化的集大成者。他们与阿尔泰语系各民族，与我国历史上的东胡、匈奴、突厥等古老的游牧民族都有着历史渊源，他们之间的文化传统有着一脉相承的继承关系。历史上北方阿尔泰语系各部族普遍信仰"萨满教"，他们的自然崇拜、图腾崇拜有许多共同的民族特征与文化特征。将精神寄托于"自然有灵"的思想意识形态，逐渐反映在图案艺术、风俗习惯、民间语言文化之中。

蒙古族图案（蒙语：贺乌嘎拉吉）是蒙古族传统文化的重要组成部分，据文献[14]记载，蒙古族图案距今已有8000年的历史，发展至今，不断发扬光大，是蒙古族文化宝库中最重要、最丰富的遗产，在蒙古民族生产生活中涉及范围极其广泛，常见到的蒙古族图案题材有：植物图案、动物图案、几何纹图案等。

2. 建筑载体因素

我国幅员辽阔，气候、地形、地貌等自然环境多样，各地区地域文化丰富多彩，不同民族、宗教，不同语言、生活习俗，不同住居形式、空间、物产乃至建筑材料、施工技术等反映到建筑上，形成了我国形态多样的地域建筑体系[21]。内蒙古地区传统建筑经过蒙古游牧文明的长期渗透、融合，形成了独具蒙古民族特色的建筑形态。蒙古族图案因其特有的文化内涵及装饰特征，在蒙古族的生产生活中被广泛应用，其中与建筑载体相互融合，结合建筑形态、空间、构造、材料，体现出完整的形态样式，并以其自成一格的构成形式成为蒙古族地域建筑较为稳定的建筑装饰体系，同时也成为蒙古族地域建筑的重要组成部分及蒙古族少数民族地域建筑的识别因素及典型特征。建筑的类型、功能决定建筑的形态特征，同时对建筑装饰图案的应用也起到重要的影响与限定。

5.3.3　建筑载体语境下的装饰图案形态分析

1. 图案题材类型

如前所述，蒙古族装饰图案题材丰富，应用范围广泛，依附于建筑载体之上而形成的蒙古族建筑装饰图案在应用过程中充分体现了其装饰的"能指"与"所指"的实际功能。在图案题材选择上依据建筑载体类型、功能及建筑构件形态呈现出相对规律的特征。

通过对所调研建筑中装饰图案题材的分析发现：宗教类建筑在装饰图案题材的选择上与建筑的"精神功能"有着密切的关联，多使用龙、佛八宝等形制较高的图案题材类型；民居类建筑中在图案题材选择上比较注重体现民众生活状态，祈福民众安居乐业的题材形式，如：花卉、寿桃、石榴等；在衙署府第类建筑中装饰图案的题材多使用象征富贵、吉祥寓意的回纹、哈木尔云纹、卷草纹等题材图案。

2. 图案构成形式

图案的构成形式是指图案及图形纹样的组合及构成法则，图案纹样最基本要素与单位依据一定的构成形式进行不同的变化与组合，形成不同形态的图案样式。在建筑载体上，图案的形态受到建筑类型、形态、空间以及构件的影响与制约。

通过对所调研建筑的测绘、分析研究发现：在建筑装饰图案的构成形式上，建筑类型、建筑构件的不同与装饰图案的构成形式有着密切的关系。以下我们以传统建筑构件"墀头"为例进行分析：

墀头在传统建筑中较为常见，多是硬山屋顶房屋左右两侧的山墙伸出檐柱以外的顶端部分，由下碱、上身和戗檐组成，其面积不大，但位置却十分突出，其功能除承重外，还赋予了重要的装饰功能。在墀头装饰上，装饰图的构成形式受到建筑类型及墀头构件形态的制约。伊金霍洛旗郡王府主体建筑中墀头部分有着精美的砖雕图案，分别在戗檐、盘头、上身、下碱和须弥座上体现。受到墀头构建形态的限定，墀头上的图案多使用了适合纹样的构图手法，使图案形态依据建筑构件形态进行"适合"构图，这一构图手法是蒙古族装饰图案传统的构图形式。在须弥座的图案元素的应用上使用了回纹及卷草纹的二方连续排列，图案构成形式与建筑构建形态相吻合，卷草纹与回纹图案有绵远流长、生生不息的吉祥寓意。

相比郡王府墀头图案造型，位于丰镇市隆盛庄镇民居建筑中墀头图案形态受到民居类建筑类型的影响，构成形式相对简单，装饰图案主要集中在盘头部位，多使用植物花卉、几何纹样，使用浮雕与透雕相结合的造型手法，增加图案的装饰性，须弥座处采用逐渐退层的砌筑方式。这样的墀头装饰手法与建筑的类型有着密切的关系。

3. 装饰图案材质及色彩特征

蒙古族对色彩有其独特的理解，这与他们的生活环境及民族信仰有关。在图案表达中，喜欢应用艳丽、纯净的色彩，在蒙古族服饰、家具、马具及生产、生活用具中随处可见其色彩应用特征与喜好。然而在蒙古族建筑装饰图案体系中，这一色彩应用特征却有所不同，装饰图案依据建筑载体类型特征，结合建筑材料，呈现出特有的建筑装饰图案色彩特点。

丰镇市隆盛庄镇民居建筑以砖木结构为主，建筑立面装饰中的图案造型结合建筑主要用材——砖、石、木，结合适宜的制作工艺——砖雕、石雕、木雕，出现在建筑屋顶、屋身及台基部分，色彩以建筑材料本色为主，有时在屋身部分的雀替、门窗部分装饰上略施以彩绘。伊金霍洛旗郡王府主体建筑以砖石材料为主，装饰图案以砖雕及石雕形式出现，色彩以砖石本色为主。在呼和浩特市大召寺的建筑装饰中，装饰图案色彩呈现出较为丰富的特点，红色、金色应用较多，在屋脊、梁、柱、雀替、墀头等装饰部位色彩应用了彩绘形式，门窗以红色为主，配以金色图案。不同建筑类型呈现出或简约、朴实或丰富、多变的色彩特征，是由建筑载体类型特征决定，同时其"合适"的形式很好地阐释了建筑的功能。蒙古族建筑装饰图案是蒙古民族建筑与艺术的结合，其表现形式蕴含着本民族深厚的文化内涵与民族特征，形成独具民族特色的艺术体系。装饰图案与建筑载体的融合、产生的蒙古族建筑装饰图案，显示蒙古民族地域建筑的民族文化意蕴。

本章参考文献：

[1] 胡望社. 建筑视觉造型元素设计创意——色彩的表现与创意 [J]. 四川建筑科学研究. 2007.12.

[2] （英）克里斯蒂娜·查伯罗斯，陈一鸣译. 蒙古装饰艺术与蒙古传统文化诸方面的关系 [J]. 1998（02）：46-52.

[3] 刘琦. 蒙古族哈木尔云纹研究 [D]. 北京服装学院硕士学位论文，2007.

[4] 刘大平，顾威. 传统建筑装饰语言属性解析 [J]. 建筑学报，2006（06）：49-52.

[5] 格日勒图. 蒙古族传统图形及审美特征 [J]. 华侨大学学报（社会科学版），2005（02）：127-132.

[6] 陈嘉全. 艺术设计中的形与色 [J]. 艺术百家，2008（09）：105-112.

[7] 邹博逸. 北方建筑与地域文化浅析 [J]. 城市，2016（06）：56-58.

[8] 李丽，郑庆和，谢亚权. 蒙古族聚居地建筑的地域性与民族性关系研究 [J]. 建筑与文化，2016（03）：76-77.

[9] 吴良镛. 广义建筑学 [M]. 北京：清华大学出版社，2011.

[10] 单军，吴艳. 地域性应答与民族性传承——滇西北不同地区藏族民居调研与思考 [J]. 建筑学报，2010（08）：6-9.

[11] 徐英. 中国北方游牧民族造型艺术 [M]. 呼和浩特：内蒙古大学出版社，2006.

[12] （俄罗斯）阿·马·波滋德涅耶夫著，张梦玲等译. 蒙古及蒙古人 [M]. 呼和浩特：内蒙古人民出版社，1983.

[13] 白音那. 蒙古族民间图案 [M]. 呼和浩特：内蒙古人民出版社，1983.

[14] 阿木尔巴图. 蒙古族图案 [M]. 呼和浩特：内蒙古大学出版社，2005.

[15] 阿木尔巴图. 蒙古族美术研究 [M]. 沈阳：辽宁民族出版社，1997.

[16] 阿木尔巴图. 蒙古族民间美术 [M]. 呼和浩特：内蒙古人民出版社，1987.

[17] 何红艳，乌兰托娅. 旋转的世界—论蒙古族图案的装饰意象 [J]. 装饰，2013（06）：122-124.

[18] 梁绘影. 蒙古族民间图案应用研究 [J]. 装饰，2005（06）：109-110.

[19] 钢格尔，毛昭辉，王鸣中，骆正庸，孙德钒. 内蒙古自治区经济地理 [M]. 北京：新华出版社，1992.

[20] 陈耀东. 中国藏族建筑 [M]. 北京：中国建筑工业出版社，2007：27.

[21] 阎波，张兴国，谭文勇. 当代中国建筑师及其地域建筑创作思想初探 [J]. 新建筑，2009（10）：46-49.

在内蒙古学习、工作 20 余载，对内蒙古地区建筑装饰的关注与思考一直是我生活中的重要内容。近些年，结合研究生的教学、培养工作，陆续开展了针对内蒙古地区地域建筑装饰形态及其保护与传承的专题研究工作，分别从建筑装饰图案、风土建筑彩画、建筑装饰形态等方面分项、系统地展开。在研究过程中，对内蒙古地区现存传统建筑进行了调研、测绘，采集到大量的建筑装饰照片，并已登记、造册，同时走访各方学者、匠人，通过口述及资料赠予的方式，获得许多珍贵的研究基础资料。基于以上积累，本人一直都有将此成书的愿望，直到 2018 年获得国家自然科学基金的立项，才真正开始构筑全书的框架，落实具体写作内容。可以说，这本书是在国家自然科学基金的经费支持及研究进度的督促下完成的，在这里，谨向国家自然科学基金的资助致以深切的感谢。

内蒙古工业大学建筑学科多年来致力于建立内蒙古地域建筑学体系，做了大量的工作，已经形成了基本的体系框架。本书的出版，将同已完成的《内蒙古古建筑》《内蒙古藏传佛教建筑》《内蒙古传统聚落》《内蒙古传统民居》《内蒙古历史建筑》等专著，对内蒙古地域建筑学体系的建立做出重要贡献，同时本书也是对内蒙古地域建筑学体系的补充和延伸。本人之所以可以一直坚持自己的研究方向，一方面源于个人对于建筑装饰领域的热爱，另一方面也离不开内蒙古工业大学建筑学院提供的良好研究平台。

在整个书稿筹备过程中，我和我的研究团队历时 3 年，行程 4000 余公里，进行了扎实的田野调研工作，感谢和我一起辛苦调研、测绘、内业整理的团队成员，他们是范嘉、宋昱、段浩琦、蔡依霖、夏笑影、赵洪源等。在基础资料的收集过程中，得到内蒙古自治区及各盟市相关研究机构的支持与帮助，为本书的撰写提供了许多宝贵的史料，特此感谢。

书是出版了，但内蒙古地区传统建筑装饰的研究还在继续，本书只是从宏观层面，对内蒙古地区建筑装饰进行阐述，诸多问题还有待充实、深化，亟盼得到读者和专家的指正。

李　丽

2020 年端午节　于内蒙古工业大学　建筑馆